人 氣 夜 吧

異國酒餚料理

瑞昇文化

前言

以「BAR」為代表讓人輕鬆用餐的飲食店，在日本不僅在大都市，在各地的中小城市也隨處可見。

BAR的最大魅力在於，顧客能在輕鬆舒適的氣氛中，愉快地享受葡萄酒等各式酒類，以及豐富可口的下酒佳餚。在受歡迎的人氣店中，除了具有和BAR的發源地相同的美味和氣氛外，還精心設計出適合輕鬆氛圍的菜色和享用法。總之，BAR料理不僅風味道地正統，CP值又高，都是它吸引人的地方。

此風格的店之所以深受顧客歡迎，有個不容忽略的時空背景，那就是價格合理的外國產葡萄酒已在日本大量流通，比起過去，現在的消費者能夠很輕鬆地享受到葡萄酒。

但是，BAR受到顧客的喜愛，不單單只是因為酒的單價便宜。在進貨成本的限制下，店家需要嚴選能搭配料理的酒類，或推出價格合理的珍稀葡萄酒等來吸引顧客，人氣BAR也非常重視自家店的葡萄酒商品，在挑選酒品上投注的心力不亞於料理的製作。

如上所述，不論料理或酒品，CP值高的店家匯集了高人氣，以西班牙風格為首，意大利風格、葡萄酒專賣或法國風格等，特色多彩的BAR如今百花齊放。

人氣不墜的BAR，最近發生了一些變化。如上所述，現在新開業的

BAR雖然大多為西洋風格，不過，除了西式風格外，也能看到一些揉和BAR風格的日式、中式或異國風飲食店。

例如，在一些受歡迎的店內，設計有BAR一樣的高櫃檯，供應能輕鬆享用的菜色，而且料理維持各地的道地口味。

在人氣店中，以各種方式提供豐富多樣的地方特色酒，讓顧客能輕鬆享用。這樣的風格打破了長久以來，大眾覺得BAR所賣的各地特色酒不但價位高，料理和供應方式又有諸多限制的刻板印象。

本書的企畫目的，除了介紹享用葡萄酒的人氣BAR外，還介紹揉合BAR風格，深受矚目的各式話題店的菜色。並針對其魅力，為你深入剖析。

對於今後想開設BAR或對BAR的魅力感興趣的人，希望本書的出版可供你作為參考。

CONTENTS 目錄

※各店的基本資料、菜色的內容和價格，是2013年7月1日當時的情形。
※菜色名源自各店的標示，所以用語並未統一。
※從第129頁起開始介紹各店的作法，但並未介紹份量。請從作法說明
中，發掘研發自家店菜色的靈感。

正統風格的
BAR

西班牙風
BAR

義大利風
BAR

法國風
BAR

本章將介紹提供引人熱議的西班牙料理、以海鮮和鄉土料理受好評的義大利料理,以及有美麗盤飾的法國料理等,採正統BAR風格,深受矚目的店。另外還將介紹融合這些料理的人氣店。

Owner Chef
檀上桂太先生

特色
週末專程來店的顧客高朋滿座，
正統西班牙風格BAR的名店

　　位於東京惠比壽的「TIO DANJO」，是一家名氣響亮、人氣滾滾的正統西班牙風格BAR。1995年於同棟大樓的2樓開幕，原本是西班牙料理專賣餐廳，十年後的2005年擴展至一樓，轉型為新式的立食BAR。

　　店內由一側為廚房、縱向延伸的櫃台，以及沿著牆面設計的立食吧台所構成。夏季時店頭放著葡萄酒桶，也可以在戶外飲用。該店自下午二點時開始營業，週六時許多顧客很早就會前來小酌一杯。

　　店主檀上桂太先生表示「本店提供正統的西班牙料理，週末有許多特地前來的顧客。因為立食無法預約，所以平時有很多臨時來訪的顧客。」

　　該店的顧客以35～40歲代的附近居民和上班族為主，據說一天有80名顧客光臨。

供應的酒類、販售法
按杯計價紅、白葡萄酒各三種
有500、600、700日圓三種價位

　　該店提供的酒類以西班牙產的氣泡酒、雪莉酒、按杯或瓶計價的紅、白葡萄酒和桑格莉亞（sangria）為主。論杯計價的紅、白酒各有三種，分成500、600和700日圓三種價位。顧客能輕鬆地點取一杯享用。在二樓餐廳提供整瓶的酒，光是葡萄酒就有60種可供挑選。

　　三種葡萄酒的風味各異，白酒分成輕盈（light）、果味和不甜（dry）等風味，而紅酒有清盈、中等（medium）和厚重（full）等口味。

　　「論杯賣的紅、白酒，店內會各準備樣酒，2～3位一起來的顧客，可以比較所有的味道後再選定」（檀上先生）

　　按杯計價的葡萄酒大致上每個月都會變換口味，從銷售的價格推算，顧客會感到物超所值，據說這是和酒商一面討論，一面決定的價格。

料理的理念
使用西班牙產食材
重現在地風味的西班牙式下酒菜

　　該店的料理味道，檀上先生堅持重現最道地的西班牙風味，而不迎合日本人的口味。料理的食材或調味料，也儘量使用西班牙的產品，或尋求與西班牙當地風味接近的產品。

　　該店菜色中，有20道自開幕以來固定不變的定番料理。另外，他還為每週前來數次的常客準備具有季節感，每天變換的10道料理，並寫在櫃台前的黑板上供顧客了解。

　　「西班牙風味的下酒菜（tapas），說起來就像速食料理。本店的料理大多已事先備妥，5～10分鐘便能迅速上桌。此外，即使是簡單的橄欖等小菜，我會以獨創的風味增加特色，以提升創意」（檀上先生）

　　一般認為，在西班牙「只要店家有麵包和生火腿，就能製作波卡迪歐（bocadillos；西班牙式三明治）」，該店菜單中雖未明白標示，不過若有顧客點取這道三明治，該店也會親切地提供額外服務。

蘑菇鐵板燒　600日圓

該店菜單中所用的是特約農家栽培，直徑大小達6～7cm的蘑菇。為了增加鹹味和肉的鮮味，一般使用的生火腿，是靠近骨頭的零碎邊肉。這道料理不但作法簡單，還充分提引出素材的美味，深受顧客歡迎。

油漬紅椒　600日圓

這道西班牙風格下酒菜（tapa），是以充滿蒜香的橄欖油，醃漬已烘烤變軟的紅椒製作而成。料理散發的柔和的甜味與辛香味，和葡萄酒超級速配。紅椒是切成好食用小塊。該店會事先製作備用，收到顧客點單後能立刻出菜，因此點菜率極高。

橄欖拼盤　600日圓

這道料理使用3種西班牙產瓶裝橄欖，花費工夫以特製的醃汁醃漬一天。醃漬液以白葡萄酒醋、E.X.V.橄欖油為底料，再加入茴香、百里香、月桂葉、紅辣椒等7種辛香料，使味道呈現豐富的層次。

TIO DANJO BAR

- 地址／東京都澀谷區惠比壽1-12-5
  萩原ビル3-1F
- 電話／03-5420-0747
- 營業時間／14:00～24:00（L.O.23:30）
- 例休日／週日、國定假日
- 容納人數／最多40人（店內僅30人）
- 客單價／2000～3000日圓

馬德里風味燉牛肚　　800日圓

這是在馬德里才吃得到，加入鷹嘴豆的辣味燉煮料理。僅使用牛胃中的蜂巢胃製作，費時燉煮5小時使肉質變軟。料理的辣味以燻製的「pimenton（紅辣椒）」來表現。該店會以甜味的dulce焦糖牛奶醬，組合辣味的picante辣醬，來呈現濃厚的辣味。

辣味茄汁炸洋芋
600日圓

在西班牙，這道料理是愛酒人熟悉的垃圾下酒菜。辣味番茄醬以番茄醬為底料，還加入tabasco辣醬和白葡萄酒醋，呈現清爽的酸味與辣味。在當地，有的店會將炸洋芋製成芋泥風格。

西班牙風 BAR

spanish bar **BANDA**

特色
還提供各式咖啡和定食，
多樣化料理獲得回頭客青睞

從幾年前開始，大阪福島地區如雨後春筍般開設了許多飲食店，熱鬧非凡。其中，BANDA這家店又特別顯得生氣勃勃而受到矚目。

該店自2011年5月開業以來，天天座無虛席，人氣爆棚。該店自15時開始營業，天還沒黑就有顧客陸續前來，顧客站在店外享受葡萄酒，也是平時常見的景象。

「本店24小時供應定食及咖啡套餐。在日本，BAR給人的印象多以賣酒為主，不過，我希望本店能夠像西班牙BAR原本的風格，提供顧客多樣化的服務」（店主：平野恭譽先生）

2012年9月，距離1號店步行可達的2號店「Bio Bar GREENS」也正式開幕。這家店基本上也是提供西班牙料理，不過主要訴求的是「有機」。在該店內設有中央廚房，進行高湯和前菜的準備工作。

供應的酒類‧銷售法
設計有歡樂時段，
提供一千日圓的整瓶葡萄酒

在「搭配料理的葡萄酒」的考量下，該店販售的葡萄酒全產自西班牙。按杯計價從380日圓起，整瓶計價從1800日圓起，任何人都能輕鬆享用的價格設計，深受顧客好評。此外，在開店的15時起至19時為止的歡樂時段內，含汽泡葡萄酒在內，按杯計價一律為300日圓，按瓶計價為1000日圓。通常賣1800日圓的葡萄酒，在該時段內1000日圓就能享受到，此作法也大受顧客的好評。

「稍早的時段有些客人單獨前來，點整瓶酒享用。這

（左）員工　後藤照治先生
（中）店主　平野恭譽先生
（右）員工　山下裕助治先生

類的女客人也很多。我們的定價策略是買整瓶比點單杯划算。」（平野先生）

店內販售的酒品中，還包括有機葡萄酒，葡萄酒選單上，會額外加註「尋找已久終於發現的美味有機白葡萄酒」、「味道濃厚、餘韻悠長、散發莓果香味，挑人食慾的天然系列有機葡萄酒」等酒評。連葡萄酒新手也能輕鬆點選享用，這點也是該店受歡迎的精奧所在。

料理的理念
特製西班牙風味料理
以親民的超商價格供應

曾在西班牙1星級餐廳「Alkimia」修習料理的平野先生的料理，在價格設定上也是一項重點。高品質的單品料理，在該店大約以300日圓的「超商價格」就能享用到，這點也吸引了許多回頭客。

在食材的挑選上該店也極為用心，使用特約農家直送的蔬菜，廣島「石本農場」以無農藥飼料飼育的雞隻所生的蛋。雞肉或豬肉，也嚴選在安全飼育環境下生長的產品等。而且，西班牙風味的料理也有所變化。

「我不考慮直接供應當地風味的料理。我會配合日本人的喜好加以變化。例如，「安達盧西亞（Andalucia）」在當地雖是蝸牛燉煮料理，不過我會混入西班牙沒有的竹筍和螺貝。調味方面，也會留意低油和低鹽。」（平野先生）

除了菜單上的菜色外，該店還提供套餐料理或需三天前預約的烤全豬或全羊，都有極佳口碑。另有也有外帶服務等，選擇多樣化、富彈性的菜色，成為該店的魅力所在。

CAVA醃牡蠣　　630日圓

這道該店全年供應的料理，是在香草調味的牡蠣中，淋上大量cava氣泡酒。吃完牡蠣後，還能享受殘留在殼中含有牡蠣肉和香草味的cava氣泡酒，深受顧客喜愛。這道菜常有顧客點餐，因為上桌後才在岩牡蠣上倒入大量氣泡酒，其他顧客看到大多都會加點。cava氣泡酒採用不會破壞桶香味的不甜類型比較對味。岩牡蠣依產季供應。

鹽烤鬚赤蝦　　600日圓

該店採購味道最接近西班牙蝦、CP值又高的阿根廷鬚赤蝦來製作這道料理。這種蝦的特色是肉質柔軟適中，還有鮮美的蝦腦。事先混合備用的香味鹽，除了生薑和萊姆皮以外，有時也使用廚房現有的剩餘蔬菜。這料理和白葡萄酒、粉紅葡萄酒和cava氣泡酒都很對味。

伊比利豬舌和
飛鳥紅寶石草莓沙拉　　680日圓

這道是深得女顧客好評、全年供應的料理。飛鳥紅寶石（asukaruby）草莓雖是奈良的知名品種草莓，不過許多人都是衝著這個沒聽過的草莓名才點餐。伊比利豬舌經過12小時真空烹調，完成後不僅富彈性，而且口感十分豐潤，和飛鳥紅寶石草莓淡淡的酸味很對味，適合作為前菜。可搭配白葡萄酒、粉紅葡萄酒及cava氣泡酒。

名產！
火腿奶油可樂餅　280日圓

這道料理該店自開幕以來就供應，在下酒菜中，和歐姆蛋捲並列都很受歡迎。火腿肉削剩的碎硬肉和油，脂剁碎後混入其中的這道西班牙原味可樂餅，在當地還有加鹽漬鱈魚的口味。因生火腿有鹽分，一面調味，需一面留意保持味道的平衡。它能搭配發泡、白或紅等葡萄酒，不過更適合搭配清爽風味的酒類。

馬德里風味燉牛雜　460日圓

深受男性喜愛的定番料理，超大的份量除了能和友人共享，也很適合一個人品味。烹調重點是牛的蜂巢胃和小腸水充分汆燙，以去除腥臭味。主要調味的番茄醬，該店會事先製作保存，也會運用在其他菜色中。這道料理特別適合搭配雪莉酒。

BANDA

- 地址／大阪府大阪市福島區福島7-8-6中村ビル1F
- URL／http://www.cpc-inc.jp/banda/
- 電話／06-7651-2252
- 營業時間／15:00～23:30
- 例休日／週日
- 客席數／30席　　■客單價／2500～3000日圓

21

西班牙風 BAR

BAR MAQUÓ

Owner Chef
今村真先生

特色
重現西班牙 BAR 的輕鬆、歡樂。
當地的常客天天高朋滿座

　　從地下鐵的牛込神樂坂車站徒步 3 分鐘，距離市谷商店街的不遠處，2011 年 4 月時，西班牙風格 BAR「BAR MAQUÓ」在此開業。店內採取木質裝潢，給人明亮、前衛的感覺。店主今村真先生在西班牙風格料理店工作 16 年後，決定自立門戶開設了這家店。

　　「過去每一、兩年，我會前往西班牙一次，到從前上班的西班牙 BAR 進行研修旅行，比起餐廳，BAR 的居酒屋氛圍更吸引我。研修期間，我時常思考未來自己的 BAR 要呈現哪種風格。」（店主：今村真先生）。

　　「BAR MAQUÓ」的基本理念是，店主希望在東京重現自己在西班牙巷弄品嚐到的美味。該店的魅力是，顧客不必拘謹地享用美味料理，而是配著葡萄酒一起輕鬆享用。

　　「我不一定使用和西班牙一樣的素材製作。希望顧客從店的整體氛圍，來感受西班牙風味的料理與葡萄酒」（今村先生）

　　這樣的作法，使得該店成為當地的重心，天天老主顧絡繹不絕。

供應的酒類・銷售法
提供用西班牙固有品種釀造、
味道均衡的葡萄酒為主

　　「風味厚實的葡萄酒固然美味，不過西班牙的 BAR 提供的葡萄酒很溫和，顧客大多能續攤。所以本店提供的多數是味道均衡、溫和的葡萄酒」（今村先生）。

　　在「BAR MAQUÓ」，按瓶計價的常備葡萄酒有 30～40 種，價格約 4000 日圓左右。按杯計價的葡萄酒自 650 日圓起。葡萄酒單上，除載明價格、產地和品種外，果實味、酸味、份量、甜度等也以星號數標示，初來客也能輕鬆挑選。

　　「我儘量供應西班牙固有的葡萄品種所釀製的葡萄酒」（今村先生）

　　如店主所言，該店還推出受矚目的田帕尼優（Tempranillo）和格那希（Garnacha）等品種的酒。產地方面，大多是產自西班牙葡萄酒的二大產地──里奧哈（Rioja）和斗羅河岸（Ribera del Duero）。「里奧哈的葡萄酒味道柔和、均衡，而斗羅河岸的酒果味重、味道濃。兩者都非常適合搭配料理。」（今村先生）

　　今村先生對自己挑選的酒品深具信心。此外，該店還提供巴斯克地區人們常喝的微發泡白葡萄酒「chacoli」（左頁左後的葡萄酒），夏天時飲用十分清爽，也能搭配料理，深得顧客好評。

料理的理念
提供份量適中的
巴斯克地區道地下酒菜

　　「基本上因為是下酒菜，所以店內盤子都一樣大小，是適合兩人享用的份量。」（今村先生）

　　「BAR MAQUÓ」的菜色，基本上是今村先生至西班牙旅行時，被其美味感動的下酒菜。提起西班牙料理，除了立刻讓人連想到的西班牙海鮮飯外，在西班牙北部地區，還有許多風格樸素的家常下酒菜。

　　「我雖有自己的喜好，不過本店的菜色，是以巴斯克地區的聖塞巴斯蒂安（San Sebastián）的 BAR 的料理為主體」（今村先生）

　　非得西班牙素材才能做出的味道，雖然受限於需使用西班牙的素材，不過該店也會活用日本的素材，來呈現西班牙特有的風味。該店是從店主的出生地高知縣的土佐清水港，採購新鮮的當季海產。由於一盤的份量適中，許多常客都連日造訪以便多享受幾道。

油醋漬真鰮
800日圓

切成一口大小的真鰮，以白葡萄酒醋和蘋果酒醋醃漬，再疊放到烤好的法國麵包上，便被完成這道美麗的下酒菜。新鮮的葡萄酒無異味，最適合用來醃漬。番茄醬和法國麵包讓清爽的真鰮酸味變柔和，是一道和葡萄酒非常對味的料理。

比斯開醬汁佐鑲餡紅椒
600日圓

這道燉煮料理使用西班牙那瓦拉產的紅椒（piquillo），紅椒中還填入鹽漬鱈魚、小蝦、馬鈴薯和紅椒肉混合成的餡料。醬汁用蝦殼、番茄、紅椒肉經過熬煮，再加鮮奶油製成。西班牙紅椒和日本的紅椒和甜椒相比，味道不甜，較適合作為餡料。醬汁中，還加入辣椒粉增添少許辣味。

蘑菇串
800日圓

這道蘑菇串是名符其實的下酒菜。以橄欖油和大蒜拌炒，提引出鮮味的蘑菇刺成長串，底座還加上法國短棍麵包。厚肉的蘑菇不論口感或鮮味都一級棒。適合佐配紅、白葡萄酒。

羊肉丸
1000日圓

羊絞肉和洋蔥、大蒜、迷迭香、鼠尾草、百里香、月桂葉、丁香等香草香料一起混合製成肉丸，再以辣味濃稠醬汁燉煮。西班牙人常食用羊肉，羊肉丸是很大眾化的家常菜。恰到好處的羊肉香，令人不禁食指大動。

BAR MAQUÓ

■ 地址／東京都新宿區細工町3-16北町ビル1F
■
URL／http://www.barmaquo.com/
■ 電話／03-3266-5741
■ 營業時間／18:00～24:00
■ 例休日／週一、每月一次週日

冷製西班牙風燉蔬菜
900日圓

這道是西班牙風味的燜燉蔬菜。洋蔥、茄子、義大利節瓜和番茄經燜烤後，加入生火腿增加鮮味，再放上半熟蛋後上桌。這道料理大部分的店家做成熱的，但「BAR MAQUÓ」的特色是做成冷的。在蔬菜的甜味和生火腿的鮮味中，彩色甜椒和百里香等使味道更濃郁。

魚河岸 BAR　築地 TAMATOMI

（左）主廚 **望月貴正**先生
（右）員工 **近藤大介**先生

特色
鎖定在地客
使築地更熱鬧的 BAR

2010年10月開業的「築地 TAMATOMI」，位於日本最大的魚市場東京・築地的交易所外的市場內。在築地開店的是第四代望月貴正先生，及安藤暢英先生共同經營的義大利風格 BAR。望月先生繼承該店後，將販售醃漬品和三明治的店面轉型為 BAR。

「好不容易在築地開店，我們希望能開設一家有新鮮海產料理的 BAR」（共同經營者：安藤暢英先生）

提起為何要開設 BAR，望月先生表示想開設一家沒有既定用餐方式，讓人能自由享受飲酒之樂的店。兩位經營者是童年的摯友，彼此暱稱為「老弟、老哥」。從學生時代起，他們倆便前往美國、歐洲旅行，嚐遍各地美食，學習餐飲經營和諮商的安藤先生，同時還負責店的企畫。

「望月先生在築地出生、成長。對於孕育他的築地，開設新店是抱著一種感恩回饋的心情。」（安藤先生）

他們決定設立附近在地客都很喜愛的 BAR。在僅有9個吧台座的店內，提供強調新鮮海產美味的簡單料理，以及他們親自嚴選的葡萄酒，使得店內天天大爆滿。

供應的酒類・銷售法
以藍布斯寇為主
提供店主嚴選的葡萄酒

安藤先生和望月先生考慮葡萄酒款時，覺得酒侍基於某種理論所挑的酒都缺乏趣味，很難傳達該店的想法，於是他倆在開店前鎖定120種葡萄酒，帶回90瓶實際飲用後，最後才選定想要的種類。

酒款以兩人都酷愛的義大利的微發泡紅酒藍布斯寇（Lambrusco）為主，除強壯厚實的口感外，同時也提供味道均衡，顧客喝完一瓶，會想續點第二瓶的酒款。

目前該店能享受到10種藍布斯寇，紅、白、氣泡葡萄酒等共約20種。該店按杯計價的招牌葡萄酒有紅、白和藍布斯寇，而按瓶計價的酒，只需2700日圓起就能實惠地享受到。

「魚配白酒、肉配紅酒，與其考慮什麼配什麼，我倒希望讓顧客自由地暢飲自己喜歡的酒」（主廚：望月貴正先生）。

料理的理念
講究海鮮與葡萄酒
執著地堅守理念

「築地 TAMATOMI」的料理中，一概不用海鮮以外的肉類。因為店面開在築地，所以望月先生的理念是堅持只用海產來決勝負。此外，為維持 BAR 的風格，店內也不提供用來填飽肚子的米飯或麵類。

「我希望堅守基本的理念來經營這家店。在依照顧客的要求，或隨著時代潮流增加各式菜色的同時，本店的魅力也會減半。為了保持本店 BAR 的風格，我想提高專業性是重要的關鍵」（安藤先生）

此外，料理的調味很單純，「基本上，本店的料理用鹽、橄欖油和檸檬來調味。」（望月先生）

長於築地的望月先生，會精選當天的優質食材，簡單的烹調以發揮食材的原味。提供美味葡萄酒與新鮮海產，堅守簡單烹調的理念，氣氛舒適又輕鬆，使得該店擁有極高的人氣。

蒜味煎貝　**750日圓**

這道料理是用煎熟的海扇貝和洋蔥混合拌炒，加入白葡萄酒醋再炒一下即完成。調味上加入檸檬皮及葡萄酒醋的適度酸味，使海扇貝的鮮味顯得更濃郁。為了活用素材原有的美味，洋蔥注意勿炒焦，以免產生雜味。

香草白腹鯖　**650日圓**

這道料理是用橄欖油和大蒜香煎新鮮的白腹鯖，再加百里香、鼠尾草、迷迭香增添香味。新鮮白腹鯖完全沒有腥味，加入香草香後味道更清爽。為避免火候太過，造成魚肉乾澀，需精確掌握完成的時間點及時上桌。

香草煎三線雞魚
1100日圓

以橄欖油、大蒜、迷迭香和檸檬汁香煎肉厚的三線雞魚，就完成這道芳香怡人的料理。三線雞魚煎至膨軟即可，火候不可太過。「TAMATOMI」的料理特色是運用簡單的烹調法製作，這樣不但能充分發揮三線雞魚的鮮味，香草的香味也恰到好處，很適合搭配葡萄酒。

義式生大瀧六線魚片
（視當天採購的白肉魚種）
850日圓

義式生白肉魚片（carpaccio）是該店的招牌菜之一。依據當天採購的情況，隨時變換魚種烹調。魚肉有時要用來製作義式生魚片，有時要稍微讓它熟成變得更鮮美，有時則想讓顧客品嚐新鮮口感等，先了解常客的需求，視素材狀況分別運用後再供應。當天的大瀧六線魚為活魚，最適合用來製作肉質彈牙的義式生魚片。

受歡迎的大蒜風味下酒菜中，除了魩仔魚外，還有螢烏賊。這道料理使用煮熟的魩仔魚，魩仔魚本身的鹹味與鮮味，和味道清淡的油調和，讓人一吃上癮。一盤份量適中，成為重點風味的辣椒辣味，和葡萄酒也十分對味。

蒜味魩仔魚
850日圓

TSUKIJI **TAMATOMI**

- ■ 地址／東京都中央區築地 4 - 10 - 12
- ■ URL／http://www.tamatomi.com
- ■ 電話／03-6278-7765
- ■ 營業時間／18:00～24:00（週五・週六至隔天2:00）
- ■ 例休日／週日、國定假日、築地市場休市日
- ■ 客席數／店內9席
- ■ 客單價／4500日圓

義大利風 BAR （食）飲食平台（mashika）

特色
輕鬆的自助式風格，
和優質料理天天人氣爆錶

該店白天雖然是販售三明治的小吃店，不過到了晚上就變成生氣勃勃的BAR。舒適、輕鬆的空間裡，白板上寫著顧客能享用的義大利風味下酒菜和葡萄酒，店內氛圍充滿魅力。2011年9月開幕至今，該店獨特的經營形式和舒適感，經口耳相傳大獲好評，每天店內都賓客盈門。客層大多為20歲代後半至40歲代，約七成是女性。由於位在商辦街上，平時顧客多為下了班的上班族。

店內的告示牌上，寫著「冰櫃中的飲料和小菜採自助式」、「在收銀機前點餐」、「用畢餐具請送回櫃台」、「分禁菸與吸菸區」等。經營形式是一面讓顧客自助，一面提供高CP值的料理與葡萄酒。

「我希望將好東西分享給更多的人，於是把父母的香菸店改裝成現在這個樣子。」（店主：今尾真佐一先生）

洋溢著活力與朝氣的店內氣氛，擄獲許多顧客的心。

供應的酒類・銷售法
按瓶計價的葡萄酒重視CP值，
各式口味一應俱全

該店的葡萄酒，由在酒店和葡萄酒店工作長達12年的店主今尾先生挑選，平常大約備有50種。店主希望酒款均衡，店內常備各種葡萄品種的葡萄酒。

「我希望顧客最好買整瓶享用，所以論杯賣的酒只推

出500日圓一種。論瓶賣的酒首重CP值，價格訂得特別便宜。合理的價格不僅是實惠，我還希望讓顧客享受到具有價值感的美味。」（今尾先生）

兩人以上來店時，店主建議最好點整瓶的酒。按瓶計價的酒2500日圓起，不過主力產品約3000日圓。除了親民價格的酒外，該店平時也備有一萬日圓以上的葡萄酒，若顧客有需要都能滿足需求。

除了葡萄酒之外，店內還備有在關西很少見的氣泡水機，夏天使用該機器打氣的蘇打威士忌（highball），喝起來更清涼有勁。

料理的理念
以義大利料理為主，
備有日式下酒菜、咖哩等多樣化菜色

曾在關西首屈一指的著名義式餐廳工作的主廚，顧客能輕鬆享受到他的料理，是該店的一大魅力。掛在牆上的白板上寫著的菜色，除義式、日式料理外，也常見中式料理，平時還常推出富創意的咖哩料理。

除了供應像餐廳所吃的精緻義大利麵外，還有馬鈴薯沙拉、磯邊炸魚板等這類居酒屋才有的下酒菜，料理的差異性，讓顧客感到愉悅。

「基本上帶著遊戲的心情很重要。雖然店裡以輕鬆的菜色為主，不過基於「我想提供好料」，所以有時會推出鴿肉、有時會提升義大利麵的配料等級。而那些料理也立即受到顧客的青睞。」（主廚：橫山英樹先生）

鯖魚生壽司　　500日圓

這道料理是老主顧的「首選」，該店也會推薦給第一次光臨的
顧客。生壽司即醃漬鯖魚，在大阪的大眾化居酒屋中，雖是一
道簡單的下酒菜，不過搭配以蘋果和洋蔥為底料、酸甜均衡的
醬汁，就變成義大利風味。散發水果味又有酸味，和充滿微量
元素感的白葡萄酒非常速配。

脆口海蜇沙拉　　600日圓

若顧客詢問沙拉，該店會立刻推薦這道招牌沙拉。沙拉中使用芥
菜、青芥末菜等富個性的蔬菜。該店採購水耕栽培、味道濃郁的
葉菜來製作。海蜇的口感及具誘人食欲的麻油香味的調味汁是重
點特色。最適合搭配有濃厚酸味、富微量元素感的葡萄酒。

塔塔醬佐新口味炸蝦
600日圓

麵衣的麵包粉中混入磨碎的蝦殼，更添香味。
酸豆的酸味使塔塔醬汁呈現清爽風味，酸豆的
醋漬液也能用來調整使味道保持均衡。十足的
份量適合搭配白葡萄酒。

燻製 mochi 豬肉派
500日圓

豬肉派作為葡萄酒的下酒菜極受歡迎，該店肉派經過燻香，風味獨特。肉質微甜富魅力的 mochi 豬絞肉，生的時候直接用燻木稍微燻製。料理特色是，鑲在厚切、有嚼勁的肉派中的開心果的口感。上桌時配上名為「akegarashi」的山形縣山一醬油出產的辣味調味料。

香草麵包粉炸油封下巴肉
900日圓

這道新菜色使用不易買到的豬下巴肉製作。因下巴肉一煮就會變軟，為了保留適度的口感，放入烤箱以油封法烹調。軟骨彈Q的嚼感是料理的醍醐味。因為裡面還加入起司，適合搭配有丹寧酸的酒體厚實紅葡萄酒。

（食）飲食平台

- ■ 地址／大阪府大阪市西區江戶堀1-19-15
- ■ 電話／06-6443-0148
- ■ 營業時間／17:00〜24:00（LO.23:00）
- ■ 例休日／週日、國定假日
- ■

客席數／30席

Italian Bar cuore forte

店主
羽賀大輔先生

特色
不吝分享顧客喜愛的義式餐飲文化，
人潮如織的店

「不走餐廳路線，不講究風格，我只想提供便利的道地義式料理的美味。」（店主：羽賀大輔先生）

基於這樣的想法，羽賀先生在2010年12月，於東京・下北澤開設了「cuore forte」。在很多年輕人的下北澤地區，該店天天高朋滿座的祕密，除了是因提供多樣化的料理和葡萄酒外，店主和員工不吝惜分享料理和葡萄酒的相關知識，也是吸引顧客的原因之一。

進入店內首先會發現，工作人員和顧客之間的距離很近。坐在櫃台的座位，中間毫無屏障，能清楚看到工作人員的烹調情形，顧客自然會感到興趣。他們能聽到主廚所知的料理或素材的專業資訊，或是洋溢店主熱情的葡萄酒的故事等。這不是店家在說明知識，而像是特別精通葡萄酒的朋友，在為自己挑選美味的葡萄酒一樣，工作人員親切、熱情的態度，或許是讓顧客心情愉快的祕密吧。

供應的酒類・銷售法
魅力是還備有珍稀的葡萄酒，
按杯計價也能與朋友共享

在「cuore forte」，備有店主嚴選自義大利全境的200～300種類葡萄酒。平時供應約25種按瓶計價的酒，33種按杯計價的酒，沒喝完的酒能存放在店家。論杯賣的葡萄酒自650日圓起，論瓶賣的以4000日圓為主。

「在挑選葡萄酒上，我比較偏愛北義的葡萄酒，不過義大利南、北我大約跑了四十多家釀酒廠。」（羽賀先生）

如店主所言，他每年會和員工一起造訪義大利的釀酒廠，也實際去參觀農場和葡萄酒的製作，品味後再選購。四十多家中有許多是家族經營的小酒廠，他在那裡選酒外，也深切感受到製作葡萄酒的態度與深奧程度。

「我們是他們的橋樑」（羽賀先生）

店主希望也能夠透過葡萄酒與顧客一起分享，他在義大利受到的感動。

地下室還規畫有BAR的空間（右圖），比起用餐，那裡主要是享用葡萄酒。如果顧客表示「今天點三杯」或是「按照白、紅、紅的順序飲用」等，店主會平衡地提供當天推薦的葡萄酒。

此外，日本不易買到的珍稀葡萄酒要開瓶的日子，該店也會在網路上預先通告「本日○○葡萄酒開瓶」。據說馬上就有反應，甚至有在遠方預約前來飲用的顧客。稀少又昂貴的葡萄酒，顧客能論杯買、輕鬆享用也是該店的魅力之一。

料理的理念
以北義的料理為中心，
彈性因應顧客的需求

該店的許多顧客食量、酒量都很大。

「因為本店不是餐廳，以提供簡便的鄉土料理，以及讓人愉快暢飲的酒品為主」（羽賀先生）

和葡萄酒一樣，該店的料理大多為北義菜。人氣料理是「前菜拼盤」。在那盤濃縮了義大利菜精華的前菜中，可享受到七種料理，份量也很足。基本上是兩人份，不過也可以彈性調整成一人份。

該店的肉類料理以公克為單位計價，可按照顧客要求分切販售。「我希望讓顧客輕鬆享受到道地的美味」店主表示，這樣的想法呈現在與顧客細膩的應對上。

前菜拼盤　1200日圓

這道是該店首選的超值料理。以七種前菜組成的拼盤，每天的內容都不同，而且份量十足。從羅馬風味臘腸、風乾牛肉等手工菜，到醃漬料理等，均衡地組合蔬菜、肉類和魚類，從具有酸味的清爽風味，到厚重的濃郁口味，一盤就能享受到多樣化的口感。基本上是兩人份，但能依顧客的需求彈性調整份量。

特製山雞火腿沙拉　630日圓

胸肉雖美味，不過加熱時稍有偏差，口感就會變得乾澀，是很難掌控火候的部位。該店為了避免大山雞胸肉的鮮味和水分流失，以接近真空的狀態低溫烹調，特製成火腿。吃起來不但口感豐潤，咀嚼時口中充滿鮮味。配上醃漬胡蘿蔔，簡單就能上桌。

炸海苔丸　590日圓

在拿坡里，這道大眾化料理常被當作前菜或茶點。這盤樸素的料理，作法是在麵粉中混入岩海苔，再經油炸完成。以湯匙舀取麵團油炸，參差的外形顯得輕鬆隨興，很適合作為BAR的料理。岩海苔的磯香味與鹹味挑人食欲，最適合當作前菜。

波爾凱塔豬肉捲

830日圓

這是義大利的托斯卡尼地區常見的豬肉料理。作法是在豬五花肉中，撒上大蒜和5種新鮮香草，加鹽和胡椒後捲成圓筒狀，以釣魚線綁緊後放入冷藏庫醃漬一晚。隔天用低溫烤箱烘烤5小時，讓它徹底熟透。收到點單後分切，將表面烤焦後提供。鎖住豬肉的鮮味，份量十足的一盤，也是該店的招牌料理。

黑胡椒燉牛里肌

1500日圓

這道則是義大利托斯卡尼地區常見的燉煮料理。作法是用香草、紅葡萄酒和黑胡椒，燉煮充分拌炒的香味蔬菜和牛肩里肌肉。蔬菜的甜味使牛肉味道更圓潤，黑胡椒刺激的辛香辣味是重點風味。配上大量的馬鈴薯泥，能夠讓人感到飽足。

Italian Bar cuore forte

- 地址／東京都世田谷區北澤3-20-2大成ビル1F
- URL／http://ameblo.jp/daisuke8741/
- 電話／03-6796-3241
- 營業時間／17:30〜隔天3:00（週日・國定假日是17:00〜24:00）
- 例休日／週二　客席數／24席
- 客單價／3000〜4000日圓

OSTERIA **BARABABAO**

義大利風
BAR

（左）料理長 **山崎大輔**先生
（右）經理 **谷川貢司**先生

特色
餐飲價格實惠，
威尼斯庶民風格的「小酒館」

「在bacaro（小酒館）裡，人們一面挾著下酒菜，一面喝著葡萄酒」

位於東京銀座大樓9樓的「BARABABAO」，是一家沿襲威尼斯人酷愛的飲食風格的BAR。該店把座位式的餐廳（osteria）店頭，改為立飲式的bacaro（小酒館）。

「所謂的bacaro，在威尼斯是大家熟悉的庶民風格葡萄酒吧。本店為了重現當地的空間、味道和氛圍，也以購自當地的裝飾品布置。那裡備有一道100日圓起的下酒菜，葡萄酒按杯計價一杯300日圓起，目的是讓顧客輕鬆享用。」（經理：谷川貢司先生）

1人有2～3道菜，加上1杯葡萄酒，客單價約1000日圓左右，一面簡便用餐，一面享小酌的設計，深受銀座上班族的喜愛。

供應的酒類・銷售法
自行進口和直接與釀酒廠簽約，
提供1杯300日圓起的低價葡萄酒

該店按杯計價的酒都在300～600日圓之間，包括3種氣泡酒、1種粉紅葡萄酒、10種紅酒，及8種白酒。120種論瓶計價的酒基本上雖然只有餐廳才供應，不過若顧客有需求，小酒館也能夠點喝。

經營該店的是在城裡開設八家義大利連鎖料理店的Miki international公司。旗下所有店面所賣的葡萄酒，除了統一由公司從義大利進口外，也直接和當地的20家釀酒廠交易，才能達到目前高級酒低價化的理想。

料理的理念
提供數十種下酒菜（chichetti）。
100日圓起就享用少量多種

立食櫃台上平時擺著裝有25種料理的大盤，除了展示給顧客看外，也可供顧客挑選分別盛盤。單品起司也算的話，多達40種單點料理可供選擇。在和餐廳共用的廚房中，每天準備的單品料理，從活用素材原味的簡單蔬菜料理，到威尼斯的鄉土料理等，菜色相當多樣化也是該店自豪的重點。

「我在料理中也會表現出季節感。例如，菇類雖依當天的內容變換種類，但夏天時還會擠上檸檬汁，讓顧客覺得清新爽口。還有，我也儘量使用義大利的食材，用心呈現和當地料理相近的味道。」（主廚：山崎大輔先生）

店家用心製作的料理贏得許多回頭客的信賴，據說光是bacaro每天都有20人光顧。

鱈魚乾醬
250日圓（圖中是2人份500日圓）

鱈魚乾醬是義大利小酒館最具代表性的料理，該店使用從威尼斯自行進口的鱈魚乾製作。和有濃郁鮮味的日本鱈魚乾不同，義大利的特色是鹹味重、味道清淡。下面墊著烤香的義式玉米糕，來呈現不同的口感。

朝鮮薊 200日圓

螺貝 160日圓

烏賊沙拉 200日圓

收到點單後，才分切一大片的帕瑪（parma）產的生火腿。夏季食材的義大利節瓜，和洋蔥一起用橄欖油拌炒，僅加鹽和胡椒調味即完成。這道料理重現威尼斯常見的義大利節瓜的烹調法。綠豌豆是使用義大利產的小顆豌豆，其特色是顆粒雖小，味道卻超濃郁。以橄欖油為底料，還加入生火腿的鹽分和油分。

帕瑪生火腿 200日圓

義大利節瓜 120日圓

綠豌豆 120日圓

朝鮮薊在義大利是大家很熟悉的庶民食材，這道簡單的料理，作法是用橄欖油和大蒜一面煮，一面讓它入味即完成，能直接享受到食材的原味。螺貝作法是讓白葡萄酒和橄欖油一面乳化，一面燉煮，以消除其腥味。烏賊沙拉是醃漬烏賊，並用E.X.V.橄欖油醃漬義大利常用的葡萄乾和松子，將兩者混合後提供。這道菜是全年供應的定番料理。

彩椒　150日圓

白菜豆　120日圓

特製可樂餅　120日圓

這道料理使用義大利產的乾燥白菜豆，以番茄醬和白葡萄酒燉煮，充分散發豆子的濃味與奧勒岡的風味。彩椒先清炸，再用烤網烤出焦痕，加鹽調味即完成。將粗絞豬肉和牛絞肉以7：3的比例混合，豬肉油脂使可樂餅完成後豐潤多汁。餡料中已混入番茄醬和帕瑪森起司，即使不淋醬汁也很美味。

OSTERIA BARABABAO

- 地址／東京都中央區銀座2-6-5 銀座トレシャス（trecious）9F
- 電話／03-3535-7722
- 營業時間／11:30～15:30（LO.14:30）、17:30～23:00（週六、週日、國定假日是11:30～23:00）
- 例休日／無休　■ 容納人數／30人
- 客單價／1000日圓左右

槍烏賊中包入攪成糊狀的觸足、酸豆和鯷魚等，是一道外觀很可愛的料理。南瓜用白葡萄酒醋和砂糖混合成的甜醋醬汁來煮，能提引出南瓜的甜味。菇類和小番茄一起拌炒，可增添酸味。

包餡烏賊　200日圓

南瓜　100日圓

綜合菇　120日圓

CAVO

（左）店主 **Pascal Morineau** 先生
（右）主廚 **兒玉拓未** 先生

特色
打造講求真正法式 BAR 的
享受與美味的店

　　從惠比壽站徒步 2 分鐘，在飲食店和 BAR 林立的一處適當位置，2010 年 6 月「CAVO」正式開幕。店名「CAVO」是將「小酒窖」之意的「CAVEAU」這個字的日語發音，改以英文字母來表現。由店名可知，該店是一家能享受到法籍店主 Pascal Morineau 先生嚴選的法國葡萄酒的法國風格 BAR。

　　由於位於惠比壽這個地方，以及店主是法國人的緣故，該店顧客約有半數是外國人。在僅有 20 席的狹小空間，坐無虛席爆滿的客人將店內變成了立飲風格，讓人幾乎忘了自己是身在日本。

　　「本店的理念是想呈現法國縮影。我希望讓顧客能夠輕鬆享受到美味的葡萄酒、可麗餅，和法國味的下酒菜。」（店主：Pascal Morineau 先生）

　　祖父是釀酒人的 Pascal 先生，為顧客精選出風格多樣的葡萄酒，並提供道地精緻的法式料理。相得益彰的葡萄酒和料理，使得顧客的滿足感大增。

供應的酒類・銷售法
想讓更多人享受到
真正美味的法國葡萄酒

　　該店平時常備紅、白、氣泡酒等 50～60 葡萄酒，且經常替換新品，其中約有 40 種能夠單杯販售。按杯計價 1 杯約 600～1300 日圓，按瓶計價的則為 2800 日圓起的經濟價格。

　　「最近，能喝到實惠的葡萄酒的店增多了，我覺得這是件好事。不過我的店只推出我認為真正美味的葡萄酒」（Pascal 先生）

　　Pascal 先生來日之前是從事葡萄酒相關的貿易，所以店內還備有許多市面上不易看到的限量葡萄酒，希望讓客人能夠真正了解到法國當地葡萄酒的魅力。

　　「本店還有許多香料風味和濃厚口感的葡萄酒。」（主廚：兒玉拓未先生）

　　該店從法國各地嚴選豐富的美味葡萄酒，用心讓老主顧和新客都能享受到多樣化的美酒。

料理的理念
善用狹小的廚房，
多用肉派類等保存料理

　　「CAVO」的廚房由主廚一人提供正統的法國美味料理。主廚兒玉拓未先生，過去曾在法國餐廳修業，他希望能在更接近顧客的地方製作料理，因此進入法式 BAR 這樣風格的店。

　　「因為廚房空間有限，所有料理都由我一手包辦，為了能迅速出菜，我多使用肉派或肉醬等能保存的料理，菜色的種類很多樣化」（兒玉先生）

　　「CAVO」的所有料理都十分講究。甚至有許多法國主廚的老主顧，客人要求的水準很高。

　　「我並不會因為是 BAR，所以只提供簡單的料理，我想提供的是連法國人吃了都覺得美味的料理。」（兒玉先生）

　　葡萄酒和料理，透過各自表現與互相搭配，使該店呈現出絕妙美味。

鮭魚派

600日圓

這道菜一入口，肉醬綿細的口感立刻讓人感到驚豔。肉醬中加入略微燻過的鮭魚，和用冷高湯煮熟鮭魚，加入奶油和優格攪打成的糊狀魚漿，以及剩餘的鮭魚肉等，味道更濃郁。其中因為加入優格，使味道往往太濃膩的肉醬，變得很清新爽口。和具有香料辣味的白葡萄酒超級速配，是特別受女性顧客歡迎的料理。

番茄酪梨沙拉　　750日圓

這道是製作上稍費工夫的宴客沙拉。份量紮實，將簡單的素材，以磨碎的洋蔥汁和彩色甜椒醬汁等調拌，完成後呈現複雜的風味。它雖然是沙拉，但味道濃郁，和葡萄酒也很對味。利用中空圈模，將酪梨和番茄堆疊成兩層，外觀也十分漂亮。

三味拼盤　　1200日圓

拼盤由雞肝慕斯、里肌肉肉醬和鄉村風味肉派組成，能夠一次享受三種美味，份量令人滿足，價錢也很實惠，是「CAVO」的定番料理之一。單獨品嚐每種料理都很有特色，濃郁的味道和溫潤的口感，搭配高級葡萄酒依然能突顯存在感。廚房空間較狹小的店，利用肉派等可保存的料理，能使菜色的內容更加多元化。

CAVO

- 地址／東京都澀谷區惠比壽西1-13-3
  R00B6ビル1F
- URL／http://cavowinebar.jp
- 電話／03-5458-2005
-
  營業時間／18:00～隔天3:00（週五、週六
  是至隔天5:00）
- 例休日／週一 　■ 容納人數／20人

干貝可麗餅　　900日圓

「CAVO」的招牌料理可麗餅，是法國不列塔尼地區的鄉土料理。其中這個干貝口味，也是出生於西法港都的店主Pascal先生的家鄉味。可麗餅上放上起司和慢慢拌炒好的韭蔥奶油醬汁，再放煎好的干貝，韭蔥奶油醬汁的柔和甜味中，干貝的鮮味成為焦點。考慮到搭配葡萄酒，該店製作的可麗餅比法國的略小一些。

古斯古斯　　950日圓

在有許多中近東移民的法國，古斯古斯是一道很大眾化料理。在「CAVO」提供的是，加上燉煮仔羊肩肉的超大份量古斯古斯。燉煮料理中加入仔羊肩肉和香料類約燉煮5小時，加入燜燉蔬菜後再煮成香料風味，極富魅力。供應時，還附上料理發源地突尼西亞熟悉的辛香料「哈里薩辣醬」。

PORTO BAR KNOT

特色
細膩地表現豐富的法國，
能輕鬆品味葡萄酒的空間

　　2012年10月，PORTO BAR KNOT在神戶開幕。它是三年前在同地區開業的葡萄酒BAR「DAR WINE」的休閒版。該店布置著重在表現神戶這個港口城的氛圍，天花板掛著船隻圖樣的吊燈等，富質感的裝潢讓人感覺舒適愉快。

　　因為能輕鬆享用餐廳精心準備的料理，通常來用餐的客人大多待上3個小時。開店當初設定的客單價原為3500日圓，不過，隨著人氣日益升高，價錢也升至4000日圓。客層以30歲代的女性為主，其他還有下了班的附近住戶，以及來此約會的情侶等，範圍相當廣泛。

　　「顧客能自由享受自己喜愛的料理和葡萄酒，我想是BAR今後流行的風格。」（店主：田代幹雄先生）。

　　料理和葡萄酒是否對味較難評估，暫且不管理論如何，營造能輕鬆享受美味的氛圍也相當重要。

供應的酒類・銷售法
每天變換內容，
新鮮的葡萄酒單富魅力

　　該店挑選葡萄酒的主要想法是「味道強壯厚實、價錢合理」、「能傳達生產者的想法」。該店不拘泥於產地，

（左）店主・酒侍　　**田代幹雄**先生
（中）員工　　**山口真美**小姐
（右）主廚　　**江見常幸**先生

甚至備用地中海、阿根廷等地的葡萄酒共約 40～60 種牌子。而且也重視季節感，夏季時提供充分冰鎮的葡萄酒等。論杯賣的價位是 500～1800 日圓，論瓶賣是 3000～15000 日圓，按杯計價的點單率很高。

　　該店的特色是葡萄酒單每天更新。

　　「我在英國工作時，當地的PUB沒有固定的酒單，而是每天變換，現在作法的靈感正源於此。本店有很多回頭客，所以很重視保持新鮮的酒款。而且，主廚製作的每盤料理各有其味，所以我最先考量的，是為顧客挑選喜愛的葡萄酒來搭配料理，而非用葡萄酒來突顯料理。」（田代先生）。

　　若顧客要求，店家會新開一瓶供應的慷慨作法，應該也是它人氣不墜的主要原因。

料理的理念
重新的詮釋傳統法國，
將其轉變為現代

　　曾在南法和巴黎磨練技術的主廚，以傳統法國料理為基礎，加入現代的創意，提供充滿個性的料理。在平易近人的BAR裡，讓顧客與餐廳級美麗盛盤的料理相會，也是該店的妙趣所在。

　　「我在餐廳時需思考整體，製作有輕重層次的套餐，但是這裡的菜全都是單點，一盤完結。所以餐廳的菜色要改得更輕鬆，才能在這裡提供。」（主廚：江見常幸先生）。

　　380日圓的義大利麵、580日圓的松露風味炸薯條，或是1080日圓今日主廚義大利麵等，親民的價位和高品質的反差，備受矚目。

醃漬瀨戶內海竹筴魚
普羅旺斯風番紅花凍
680日圓

這道是酷暑季節供應的重點料理。最後
還裝飾上具熱帶風情的百香果醬汁等，
呈現主廚修業地的南法氛圍。製作重點
是上桌前，瀨戶內海竹筴魚用瓦斯噴槍
燒烤以消除腥味。主廚還費心加上散發
與海鮮對味的番紅花香味的小洋蔥，以
及番紅花果凍。

播州紅穗土雞肉醬佐麵包
680日圓

這是早期很多顧客會點的料理。使用肉質豐潤、
富彈性的鮮美播州紅穗土雞製作。盛盤方式也很
獨特，製成肉醬狀的香烤雞肉和鵝肝中，蘿蔔嬰
好似從中發出芽一般。即使是相同的菜色，盛盤
也會隨季節的轉換彈性變化。

新味黑血腸
780日圓

這道是將原用豬血製作的黑血腸（boudin
noir），變化為全新口味，為該店的著名料
理。臘腸的餡料中加入鮮奶油，完成後口感變
得更細滑。顧客還能同時享受到清爽的蘋果凍
及肉桂的芳香。

非魚湯的燉煮本日鮮魚
1600日圓

義大利料理中的定番料理狂水煮魚（acqua pazza），原是將魚放入湯裡加熱，而這裡採取法國廚師的作法，轉變成用醬汁來調味。使用魚、蛤仔和番茄製作的高湯，以10ℓ的份量經過熬煮、過濾，收成1ℓ的份量後才使用，鮮味更濃郁。

PORTO BAR KNOT

- 地址／兵庫縣神戶市中央區下山手通 3-10-8
- 電話／078-331-3220
- 營業時間／16:00～隔天1:00
- 例休日／不定休　　■ 客席數／16席
- 客單價／4000日圓

優格香料醃漬仔羊小排
佐烤番茄和哈里薩辣醬
1200日圓

以地中海沿岸料理為主體，加上摩洛哥料理的哈里薩辣醬，就完成這道夏季風味料理。骨仔羊肉以優格先醃過，能去除腥羶味，使肉質變得更柔軟。這道料理是主廚在法國時，從常見的土耳其旋轉烤肉（kebab）所獲得的靈感。

富士屋本店 GRILL BAR

（左）主廚　**中山貴博**先生
（右）店長・酒侍　**加藤雄三**先生

特色
在激戰地大興盛！「適合做正餐的料理」富魅力，立飲葡萄酒店

「富士屋本店GRILL BAR」於2010年開幕，採立飲風格，是一家能夠飲酒和用餐的人氣店。開放式廚房是該店的特色，以廚房為中心周圍環繞著立飲吧台。

以眼前烤好的燒烤料理為首，來店的顧客能享受到各式各樣適合搭配葡萄酒的美味料理。該店雖然是「富士屋本店Wine BAR」（第96頁介紹）的姐妹店，不過相對於「Wine BAR」主要提供下酒菜，「GRILL BAR」的菜色多數是大份量，適合當作正餐的料理。

該店即使平日，還沒到開門時間就有顧客光臨，每到週末或國定假日，能容納45人的店內總是大爆滿，常有客人鎩羽而歸。在競爭店很多的東京三軒茶屋，該店自開幕以來，生意一直很興隆。

供應的酒類・銷售法
以「站著享用」為前提，以風格強烈的葡萄酒為主

該店備有120多種葡萄酒。按瓶計價1900日圓起的有100多種，按杯計價的備有20種。論杯賣1杯400日圓起，中心價格帶為500～600日圓，價格合理。

「本店採立飲式，並不是舒適輕鬆地坐著飲用，所以比起風味纖細的葡萄酒，更多的是風味濃郁的。我還大膽地準備了風格強烈，令人印象深刻的葡萄酒」（店長・酒侍：加藤雄三先生）

加藤先生站在前廳，一面和顧客交談，一面向顧客推薦適合的葡萄酒。

「本店的葡萄酒多達120多種，很多客人都不知該如何點起，希望我幫他們推薦。立飲式的店能和顧客近距離接觸，顧客也能輕鬆地告知想喝的酒，我了解之後，便能推薦適合的酒。」（加藤先生）

該店不製作葡萄酒單，而是將酒標或手冊做防水加工，讓顧客邊閱讀，邊享用酒，這也是該店特有的作法。據說最近以色列產和紐西蘭產的葡萄酒在該店很受歡迎。

「很多客人都想在這裡用餐、小酌後再回家，所以我不只詢問他們想喝什麼葡萄酒，而是也了解他們點的料理後，再推薦適合搭配的葡萄酒。」（加藤先生）

料理的理念
料理比坐食店更高品質，卻更便宜、更快上菜

「我們有許多常客，因此除了招牌的人氣料理之外，也會按比例頻繁地變換菜色。另外除考慮料理和葡萄酒是否搭配外，我也很注意使用季節食材和有特色的食材，以法國料理的技法為基礎來充分發揮食材的原味。」（主廚：中山貴博先生）

餐點菜色約有80種。菜色數量和澀谷的姐妹店差不多，不過和葡萄酒一樣，幾乎沒有一樣菜是相同的。

「一道道具有份量感的料理雖然也是本店的特色，不過因為我們是立飲式，所以會用心推出比餐廳更高品質，卻比坐食店便宜，也更快出餐的料理。」（中山先生）

該店不僅備有用刀叉享用的料理，還有能用手輕鬆抓取食用的料理等，在站著吃的前提下，特別重視準備方便食用的菜色。

此外，該店的開放式廚房也販售燒烤料理。客人能直接看到烹調情形和冒出的火焰，當有人點燒烤料理時，常造成連鎖點單的情形。

該店以提供CP值高的葡萄酒和料理為目標，雖為立飲式，但據說有些常客會逗留2～3個小時。

海膽布丁　　300日圓

這道料理從法國料理的蒸布丁變化而來。研發的靈感來自茶碗蒸,其中使用了和風高湯。海膽的濃厚美味極富魅力,適合搭配白葡萄酒。上面倒入新洋蔥製作的慕斯,自然的甜味更加突顯海膽的風味。300日圓的親民價格,也是該店極受歡迎的「首選」料理。

雞肝慕斯　　650日圓

這道甜點如甜筒般的外觀,讓人出乎預料。雞肝慕斯不是用來沾食麵包,而擠到黑色的甜筒杯中,能直接用手拿著吃。這種立食店才能輕鬆享受的風格備受好評。甜筒杯另有巧克力的口味,淡淡的甜味,和肝醬的鹹味非常對味

赤車蝦馬鈴薯可麗餅　　800日圓

愛知縣三河灣一帶全年可捕獲的小蝦,在當地稱為赤車蝦。因為它的味道濃郁,所以這道料理中,主廚連殼一起使用。將蝦和馬鈴薯、起司混合,用奶油煎成可麗餅(圓形)狀,除了能享受到酥脆的口感,沾取兩種醬汁食用,更能突顯赤車蝦的濃郁風味,讓人再多乾一杯。

淺燻鰹魚　　700日圓

半烤敲鰹魚（tataki）是初夏時節受歡迎的生魚片料理。讓魚片增味時，有時不直接用火燒烤，而用稻草燻烤，主廚覺得煙燻的方式似乎較富趣味。可配著用巴薩米克醋等調味的新洋蔥一起食用，也很適合搭配葡萄酒。

富士屋本店 GRILL BAR

- 地址／東京都世田谷區太子堂4-18-1
- 電話／03-3411-0909
- 營業時間／16:00～23:30（LO.22:30）
- 例休日／不定休　　容納人數／45人
- 客單價／3000日圓

富士屋本店烤漢堡肉　　1300日圓

料理中使用約300g的純牛肉，份量十足，其中還加入切細的鵝肝，是一道豪華的漢堡肉。醬汁散發出松露的香味。主廚過去曾在漢堡店工作，因此將這道料理納入菜單中。有些顧客在用餐時間專程前來享用這道料理。

義大利產臘腸圖鑑

採訪・照片協力 Seisyo Trading Incorporation（董事長 鈴木孝昌）

在義大利，人們在 BAR 喝葡萄酒時，比起生火腿，更常提供臘腸來作為下酒菜。在義大利各地，有各式各樣的臘腸，在義大利葡萄酒專賣店中，陳售各種口味的臘腸，讓顧客儘情享受。（※ 參考資料：「Salimie Vini」LEVONI 社）

獵人臘腸（Salame Cacciatore）

它是倫巴地（Lombardia）地區特產的臘腸。cacciatore 是「獵人」之意。獵人外出狩獵時，臘腸的大小很方便攜帶，因而得名。

威尼塔臘腸（Sopressa Veneta）

從冠以州名即可得知，這是義大利威尼塔州的代表性臘腸。肉中加入肉桂、丁香、肉荳蔻、迷迭香和大蒜混合製成。特色是具有蒜香味。適合搭配飲用的優質葡萄酒，紅酒有「Valpolicella Doc Classico」、白酒有「Bianco di Csutoza Doc」。

米蘭臘腸

這是義大利最大眾化的臘腸，若單稱「臘腸」，大多指這種。它也是義大利最具代表性的臘腸。作法是肉絞碎灌入腸衣中，讓它熟成即可。也有長度約40cm的大型臘腸。

波河臘腸（Salame del Po）

它是源自「波河」周邊的臘腸。特色是攪肉時加入紅葡萄酒。傳統上，紅葡萄酒是使用微發泡的藍布斯寇。肉類粗絞，填入真的腸衣中製成。對味的優質葡萄酒有：紅酒「Lambrusco di Sorbara Doc」、白酒「Soave Superiore Docg Classico」。

威諾納臘腸（Salame Verona）

這是威尼塔州西側的威諾納地區特產的臘腸。肉是特細絞肉。加入的大蒜和洋蔥也產於威諾納，特色是具大蒜風味。

古拉泰勒臘腸（Strolghino di Culatello）

這種臘腸使用被視為夢幻生火腿——Culatello 火腿相同部位的肉製作。它是在艾米利亞 - 羅曼尼亞（Emilia-Romagna）州的帕瑪，以及皮亞琴察（Piacenza）地區，以傳統方式製作極為珍稀的臘腸。
使用天然的薄腸衣。對味的優質葡萄酒有：紅酒「Lambrusco Salamino di Santa Croce Doc」、白酒「Colli di Parma Doc Malvasia」。

通都臘腸（Salame Tondo）

這是 LEVONI 社特製，在義大利也很罕見的饅頭型臘腸。混入大蒜和辛香料，特色是散發細緻的香料風味。對味的優質葡萄酒有：紅酒「Grignolino d'Asti Doc」、白酒「Trebbiano d'Abruzzo Doc」。

托斯卡尼臘腸（Salame Toscana）

這種大型臘腸，是以油脂原本就很美味的托斯卡尼產的豬肉製作。特色是加入胡椒料、豬油和大蒜。對味的優質葡萄酒有：紅酒「Morellino di Scansano Docg」、白酒「Ansonica Costa dell' Argentario Doc」、粉紅葡萄酒「Toscana Igt Rosato」。

茴香臘腸（Salame Finocchiona）

它屬於大型的軟式香腸。以茴香調味，為托斯卡尼地區的代表性臘腸，特色是和葡萄酒非常速配。對味的優質葡萄酒有：紅酒「Rosso di Montalcino Doc」、白酒「Vernaccia di San Gimignano Docg」。

翁赫瑟臘腸（Salame Ungherese）

這是匈牙利風格臘腸，以特細絞肉和辣椒粉混合，再經過略微燻製而成。在國際競賽中曾榮獲金牌獎。對味的優質葡萄酒有：紅酒「Langhe Doc Nebbiolo」、白酒「Lugana Doc」。

風味豐富多變的義式臘腸

臘腸在作法上屬於生香腸的一種。作法是在豬絞肉中加入鹽和香料，灌入腸衣中不加熱，直接讓它熟成。

在多數人的印象中，會覺得臘腸（sausage）起源於德國，但其實它源自於地中海。salame（臘腸）這個字，源自義大利語中的 Salare（「鹽漬」、「鹽藏」）。自古以來，就是義大利各地的耐保存性食品，不同的地區有不同的種類。其口味之豐富，在歐洲聯盟中堪稱名列前茅。

臘腸中有種乾燥過的「乾臘腸」，從前輸入日本的就是這種。不過，這種臘腸以前有的品質很差，給當時的人留下不太好的印象。

這種不良的印象，至今也影響到義大利產的臘腸，因此店家在販售的同時，最好能詳細說明品質、素材特色和風味個性。

義大利產臘腸的「四個特色」

以下將介紹義大利產臘腸的特色。

第一個特色是冠以城市名。光是代表性的就有羅馬、米蘭、拿波里、維諾納風味等。此外，因豬隻而聞名的地方，也生產知名的臘腸。

其次是絞肉的方式不同。從剖面來看便能一目了然，共分成四種，包括：肉和油脂幾乎一體化的「特細絞」、能看見細油的「細絞」、製造時添加條狀油脂，能看見適當大小油脂的「中絞」，以及能看見大肉塊的「粗絞」等。

原則上，粗絞的臘腸能直接品嚐到肉的特色，例如使用和生火腿一樣的優質肉的臘腸，能讓人充分享受肉質。相對地，細絞或特細絞的肉，比起肉質，更著重在品嚐臘腸整體的風味。

第三項特色是添加其他素材以呈現不同的味道。有許多臘腸加入當地的香草或香料，呈現出特殊風味，成為當地的特產品。臘腸基本上是耐保存食品，在氣溫低的北方種類繁多。相對地，在溫暖的南方地區，大多會加入辣椒以增加保存性。

第四項特點是外型多樣化。通常，吊掛熟成的臘腸，大多呈細長條，而在架上熟成的呈扁平狀或饅頭形。

臘腸大多呈棒狀，顧客的印象中，臘腸也是那樣的外型。因此，圖中也放置切片前的臘腸，讓你了解它們外型上的豐富變化。

拿坡里阿傑羅利諾臘腸（Salame Napoli Agerolino）

使用和生火腿一樣非常優質腿肉粗絞後，混入辛香料灌入腸衣，再經過煙燻而成。和「凱魯比諾臘腸」類似，但這種臘腸熟成時的酸味較淡。是拿坡里地區的特產。對味的優質葡萄酒有：紅酒「Sannio Doc Piedirosso」、白酒「Fiano di Avellino Docg」。

羅馬臘腸（Salame Romana）

羅馬臘腸的特色是經過壓扁，外型呈扁平狀。雖然外型獨特，但無特殊氣味，呈胡椒的風味。對味的優質葡萄酒有：紅酒「Lazio Igt Nero Buono di Cori」、白酒「Frascati Doc Superiore」。

辣味臘腸（Salsicca Mediterranea Piccante）

這是辣椒產地卡拉布里亞（Calabria）地區的臘腸。因為混入辣椒的種子，味道極辣。

威特利奇那臘腸（Salame Ventricina）

它是著名的大型臘腸，在義大利各地均有生產。在阿布魯佐州（Abruzzo）等地以混入茴香而聞名。圖片中是加入辣椒和茴香，具有刺激的辣味。對味的優質葡萄酒有：紅酒「Molise Doc Tintilia」、白酒「Biferno Doc Bianco」。

凱魯比諾臘腸（Salame Cherubino）

在義大利它也是蔚為話題的臘腸。使用和生火腿一樣優質腿肉製作，尤其只用紅肉部分，經過粗絞，混入辛香料後灌入腸衣中再熟成。特色是具有淡淡的酸味。

新風格的 BAR

中華風
BAR

墨西哥風
BAR

其他風格
BAR

本章將介紹呈現 BAR 的風格，還能輕鬆享受到中華或墨西哥等正統風味料理的店，以及能品嚐日式料理、食材由產地直送和氣氛輕鬆的店等各式新風格的 BAR。

中華風 BAR 「cinnabar 辰砂」

Owner Chef
根岸正泰先生

特色
正統中華料理風味，又兼具
BAR 的氛圍，直到深夜都高朋滿座

「cinnabar辰砂」位於主幹道的環狀八號線上，自東京高井戶站徒步約6～7分鐘可達，是一家以提供正統中華料理為主的BAR。自2010年開幕以來，專程前來該店的顧客天天喧鬧至深夜。

曾在專門宴會的大型店，及超高級店修業多年的店主兼主廚根岸正泰先生，獨自創業之後，以開設不用高級素材，只靠烹調工夫來增進顧客滿足感，而且能輕鬆利用食材特性的店為目標。他在考慮能夠和地區緊密連結，顧客又能輕鬆消費的風格時，直覺想到的就是BAR。

該店的吧台座有6席，有3桌4人桌共18席。為了讓吧台也能作為立飲用，高度稍微設計得高一點，營造出夜晚也能進來喝一杯的氛圍。

供應的酒類・銷售法
提供容易搭配重口味的
中華料理，澳洲產的葡萄酒

現在，備有葡萄酒的中華料理店日益增加，該店以葡萄酒為主，另外還備有威士忌、比利時啤酒等洋酒。

提供按杯計價500日圓起，按瓶計價的3000日圓起的葡萄酒。另外還備有紹興酒等中式酒，但據說葡萄酒賣得最好。

「本店的葡萄酒為澳洲產。在新世界的生產國，釀酒用的代表性葡萄品種是希哈（Shiraz），酒瓶以螺旋蓋（screw cap）封口。希哈品種的酒味道濃厚夠勁，和重口味的中華料理最對味。而且螺旋蓋包裝的酒，能夠立著保存，不必進行拔塞作業，留給人能輕鬆享用的深刻印象。」（根岸先生）

料理的理念
為黑板菜色為主，儘量減少物料浪費，
並反映在價格上，深受顧客好評

該店介紹料理的方式，是以黑板載明當天的特別料理。採用標示中文的菜單，不符店的形象，因此該店沒準備菜單，只採取寫在黑板上的方式。

「我希望料理的價格儘量經濟實惠，所以本店不用牛肉、魚翅等高級食材。而是以創意和工夫，製作出適合下酒的料理。」（根岸先生）

其中，該店尤其推薦「無菜單」料理。備有3盤（1人1200日圓、2人2200日圓起）、5盤（1人1800日圓、2人3400日圓起）等選擇。點餐時，店家會先詢問顧客對酒款和食材的喜好等，兼顧當天準備的食材或混合的菜料，再決定供應的菜色。這種方式簡直就像是「櫃台割烹（譯：廚師當著客人的面烹製料理）」。

「這樣作業不但方便管理食材，依不同的進貨，連損失率很高的鮮魚也能趁鮮供應。結果，顧客也能以低價享受高級料理，我想這樣是皆大歡喜。」（根岸先生）

白天的顧客以附近上班族和家庭主婦為主，晚上獲得以家庭為主的附近住戶和上班族的支持。直到深夜12點，該店仍高朋滿座。

皮蛋豆腐
佐麻辣綠色沙拉
500日圓

這是用中華料理中的經典食材皮蛋,和對味的酪梨組合的簡易下酒菜。其中還混合奶油起司增添濃郁風味與鹹味,能夠讓人再多喝兩杯。為了讓顧客換換口味,料理中還佐配用特製麻辣汁調味,味道辛辣的綠色沙拉。

辣炒青菜　700日圓

這道料理是將季節青菜和辣椒、油煮大蒜一起拌炒,簡單加鹽調味即完成。圖中的青菜是油菜。中華料理中常使用大豆油或生榨麻油,這裡考慮到和葡萄酒的對味性,改用橄欖油來拌炒。

特製烏魚子　1200日圓

鯔魚卵在年底上市,該店會一次大量採購,整批製作供應。為了呈現中式風味,製作重點是醃漬液中使用紹興酒。這樣就成為和紹興酒極對味的美味烏魚子。如魚般的鮮味與香味,最適合作為下酒菜。

蜂蜜檸檬煮小排
1300日圓

這是使用豬小排，以糖醋燉煮
的變化版中式經典料理。品嚐
後喜歡的人，也可以用一根
600日圓的價格來購買。

紹興酒風味醉雞　　1000日圓

這是使用整隻大山雞製作的下酒菜。讓人享受到洋蔥
的口感，以及散發紹興酒高雅風味、豐潤多汁的雞
肉。雞肉以優質毛湯用低溫慢慢燉煮，口感豐潤富彈
性，絲毫不乾澀。半份為600日圓。

高井戶涼拌麵　　800日圓

這道乾麵中加入台灣擔仔麵中所用的肉燥。組合蠔油、
麻辣醬和混入蛋的粗麵，是一道很受歡迎的料理。店內
也販售特製的辣油。該店希望讓顧客品嚐辣油，因此製
作了這道料理。

cinnabar　辰砂

- 地址／東京都杉並區高井戶西2-18-28
- URL／http://www.cinnabar.jp
- 電話／03-3247-8013
- 營業時間／11:30～14:00、18:00～24:00
（23:00 L.O.、22:00起是bar time）
- 例休日／第1、3、5的週六　　客席數／18席
- 客單價／3000～5000日圓

中華風 BAR　餃子（chaozu）

店長
日高遼太郎先生

特色
店面位於住宅區入口，
深得下了班的上班族顧客喜愛

2012年9月開幕的「餃子」，位於從福岡的第一大熱鬧街博多天神，搭乘地下鐵至第4站（約7分鐘）的西新站。該站周邊設有大學，因此學生街與住宅街兼具。從西新站徒步約需7～8分鐘可達。在距離熱鬧街的住宅區入口，有幢畫著醒目人頭插畫的白色建築，正是「餃子」的店面。

該店雖然在西新站的熱區還經營一家和風居酒屋，不過本店為其姐妹店，主要販售手工餃子皮的餃子。

這幢原開設咖啡館的建築，由散發昭和復古氛圍的民房改裝而成，1樓以吧枱席、2樓以桌席構成。。

據說，來此享受餃子和燒酎的顧客群，學生比較少見，大多是下了班的上班族及家庭。

供應的酒類 · 銷售法
為讓顧客享受招牌餃子，
全力因應多樣化需求

為搭配店內的招牌料理餃子，飲料方面備有啤酒、chu-hai（註：shochu highball的縮寫。shochu即「燒酎」）、高球（highball）雞尾酒等碳酸類酒，其中又以燒酎為主，備有芋、麥釀製的燒酎和米釀的泡盛酒（註：泡盛為沖繩獨有的蒸餾酒，蒸餾過程中產生非常多的氣泡，因而得名），1杯380日圓。

畢竟飲料是為了讓顧客享受餃子用。店內空間不會放很多種飲料，所以飲料不會特別表現出店的風格，準備的酒款足以因應周邊客層多樣化的需求，價格訂在每天能負擔的500日圓以下。

「因為這裡是九州，酒仍然以燒酎最受歡迎。店裡大部分賣出芋燒酎。為了讓顧客輕鬆前來，我們也幫顧客保存酒。」（店長：日高遼太郎先生）

料理的理念
以手工餃子為主的下酒菜，
打造顧客能輕鬆享用的店

該店最初開業的契機是，

「我開發餃子這個新菜色後，因為很美味，所以打算開一家餃子專賣店。」（日高先生）

如日高先生所言，最初該店是餃子專門店，因此，餃子以外的料理都是能迅速出菜的簡單小菜，不過為回應顧客的要求，該店也開始增加較複雜的料理。

現在，除了煎餃、水餃外，該店還提供醋豬腸、韭菜炒蛋等博多的經典料理，炸物、加入米飯的煮物等。變成顧客不論進餐或小酌都能輕鬆利用的風格。

「本店雖然有招牌料理，不過每天變換的菜色會寫在黑板上，以我自己想吃的料理為主來增加菜色。冬天還會推出關東煮」（日高先生）

餃子也有外賣和賣生的，在較早的時段，常有主婦型的顧客來店購買帶回。根植於當地的該店聚集了相當多的人氣。

招牌餃子

1人份6個 280日圓、圖中鐵板上是3人份

博多受歡迎的一口餃子，該店製成獨門風味，成為店內的主力商品。特色是餃子餡用蠔油等增添濃郁風味，即使不沾醬也很美味。餃子皮也是該店自製，Q彈口感深具魅力。另備有以豆瓣醬為底的特製調味料，融於醬油中一起上桌，能使餃子的味道更濃厚。通常餃子是盛入盤中，不過3人份的店家希望保持熱度，所以直接放在煎板上供應。

湯餃　480日圓

這道是使用自製水餃變化而來的料理。提到博多的湯餃，多數店家是使用豬骨高湯，但該店提供和風高湯顯得十分獨特。清淡、高雅的風味，很適合搭配燒酎。最後還放入大量的蔥及芝麻增加香味。

餃子（chaozu）

- 地址／福岡縣福岡市早良區城西2-11-28
- 電話／092-831-0555
- 營業時間／18:00～隔天1:00（L.O.24:00）
- 例休日／週一
- 客席數／1樓6席、2樓14席
- 客單價／2000日圓

油炸酪梨起司餃

480日圓

以特製餃子皮包住酪梨和切達起司再油炸，就完成這道一口大小的下酒菜。加熱後的酪梨更添黏稠口感，在餃子裡和濃稠的起司相互交融。該店的風格是在盤中淋上金黃醬汁享用。醬汁的酸味和起司的鹹味，很適合用來下酒。

炸雞翅

1支150日圓、一盤2支

雞翅用鹽和胡椒簡單調味，再清炸即完成，是一道不論燒酎或啤酒都適合搭配的下酒菜。因為單點一支或多點幾支都行，深獲單人客或團體客一致好評，是很簡便的下酒菜。

炒飯　　480日圓

這道炒飯中沒用叉燒肉，只用新鮮火腿，出人意表的西式風格充滿個性。菜料中還加入包心菜，清脆的口感爽口宜人。因份量不多，許多顧客酒後用來填飽肚子。也有單純用餐的客人，只點餃子和這道料理。

墨西哥風 BAR

SALSA CABANA BAR

店主
折笠利明先生

特色
特色是正統的墨西哥料理
從餐廳轉為輕鬆的 BAR

位於東京四谷的「SALSA CABANA BAR」，是一家能享受到珍稀墨西哥料理的BAR。

店主折笠利明先生到美國德克薩斯州旅行時，吃了德州式墨西哥料理（TEX-MEX）後深受感動，成為未來製作墨西哥料理的契機。

1995年店主完成修業，在東京四谷開設了本店。之後，又遷至現址，2009年時重新裝潢整修，轉變成現在BAR的風格。配合BAR的形象，店內加高桌子，營造能輕鬆立飲的氛圍。

現在墨西哥料理在日本的知名度還不高，店主刻意降低顧客來店的「門檻」，他以輕鬆的BAR的形式，提供讓顧客覺得親切的料理。

墨西哥是位於赤道的炎熱國家，有許多使用辣椒的辣味料理，在日本給人的印象是夏季時較受歡迎，而該店獨家研發的「熔岩起司鍋」卻大獲成功，不只夏季，連冬天也有許多顧客捧場。

供應的酒類・銷售法
提供啤酒、烈酒和雞尾酒
以墨西哥產的酒款為主

該店的飲料，除了有墨西哥產的7種啤酒、12種龍舌蘭酒外，還有50多種的雞尾酒等。雞尾酒以在墨西哥高人氣的為主，諸如代基里酒（daiquiri）、瑪格麗特（margarita）等。

價格方面，啤酒均為650日圓，龍舌蘭酒類是1小杯500日圓起，雞尾酒是450日圓起（墨西哥的雞尾酒580日圓起），價位很平實。

「因本店是墨西哥料理專賣的BAR，酒也以墨西哥產的為主，價格平易近人。雖然店內也販售葡萄酒和威士忌，但龍舌蘭酒等較受歡迎」（店主：折笠利明先生）

料理的理念
品質不打折扣
BAR 內用採小份量、低價格策略

該店的料理以德州式和正統的墨西哥料理兩種組成。使用墨西哥產辣椒、玉米粉等其他業種不常用的專門食材，希望能提供和當地相同的風味。墨西哥料理中不可或缺的莎莎醬，就備有5種之多。

墨西哥代表性料理之一的墨西哥捲餅，其中所用的玉米餅，該店從和麵開始製作。共準備德州式墨西哥料理中常用的小麥製作的麵粉薄餅（flour tortilla），以及用墨西哥玉米粉製作的玉米餅2種。

「我個人覺得玉米餅比較美味，不過因為它有獨特的味道，所以不習慣的人，我也會提供麵粉薄餅。在店內依據不同的料理，我會分別運用。」（折笠先生）

2009年該店改為BAR的型態時，菜單也做了很大的變動。料理的品質不打折扣，但份量變少，價格也改為380～580日圓。

在日本，還有很多人吃不慣墨西哥料理。顧客在BAR點一道料理時，價錢是否平易近人也是很重要的關鍵。

「例如酪梨醬等菜色，若在餐廳的菜單裡，一定要具備某種份量。可是，在BAR裡享用時，那樣份量又太多了些，變得只能點一份料理。而且那樣的份量，價錢也比較高。考慮到顧客無法輕鬆點餐，於是我將料理的份量減少，價錢降低。」（折笠先生）

該店的人氣料理有酪梨醬、玉米片（nachos）等。有許多女性顧客，大多為30歲代的年齡層。不同的時段客層也完全不同，從22時為分界點，以用餐為主的顧客群，明顯變成以飲酒為主的顧客群。

市場（Mercado）風味墨西哥捲餅
580日圓

這道料理是根據在墨西哥很常見，在市場攤位販售的墨西哥捲餅來製作。是以玉米餅包住煎好的墨西哥烤牛肉的簡單料理。醬料也是使用極普遍的墨西哥醬，以及具有清爽酸味的青莎莎醬。

新鮮酪梨醬　　480日圓

這是最著名的墨西哥料理之一。味道濃厚，但餘韻清爽。極具健康感，是很受女性顧客歡迎的菜色。雖然使用墨西哥辣椒，但為了讓顧客容易食用，製作得不太辣。酪梨很纖細，該店都採購高品質的產品使用。

鴻禧菇風味墨西哥烤餅
580日圓

墨西哥烤餅是用大片玉米餅包夾起司，再煎烤兩面的料理，也是用玉米餅製作的定番料理之一。在這道料理中，是夾入寇比傑克起司和炒過的鴻禧菇再煎烤。兩面經過充分煎烤，能享受到外酥脆、裡柔嫩的口感。

南墨辣炸雞
580日圓

這道是將南蠻雞改成「墨西哥」風味，帶有遊戲感的下酒菜。在有刺激辣味的墨西哥紅醬中，加入以激辣聞名的燈籠辣椒及燻製過的煙燻辣椒，混合製成醬汁，再裹於炸雞上。淋上美奶滋為底料的醬汁，可緩和辣味，再加上醋的酸味，料理更易食用，最適合搭配啤酒。

蒜辣炒蝦　　680日圓

在墨西哥，有種和日本的海帶一樣，用來製作「高湯」的不辣的瓜希柳辣椒。這道就是使用辣椒高湯製作的人氣料理。它雖是一道用已萃取出辣椒高湯的油，拌炒蝦子的簡單料理，不過它令人難以置信的鮮味，非常適合搭配啤酒。也可用法國短棍麵包沾取已釋入辣椒和蝦子高湯的油來享用。

SALSA CABANA BAR

- 地址／東京都新宿區四谷 1 - 20 - 9 小島ビル1F
- URL／http://www.salsa-cabana.com
- 電話／03-3225-1774
- 營業時間／11:30～14:00L.O.、17:00～隔天2:00
- 例休日／無休　客席數／25席
- 客單價／2500日圓

立飲處 OTE 2

特色
以低價享受到甕裝燒酎和
新鮮海產，受上班族歡迎的人氣店

自福岡博多站搭乘地鐵，在一站可達的祇園，沿著大馬路走，有家人氣匯集的店就是「立飲處OTE 2」。該店於2011年開幕。在橫濱的公司工作多年的店主堀田哲弘離開職場後，回到老家選擇以餐飲業重新出發。

如同店名般，該店開幕當初即設為立飲型態。不過，這種風格在福岡很少見，後來應顧客要求也安置了座位。店內備有論瓶賣的燒酎，以及在玄界灘等地捕獲的新鮮海產及珍稀的地方野味等，任何餐點都能以平實的價位享用，深受周邊上班族的喜愛。

供應的酒類・銷售法
11種甕裝燒酎，採自助式，
一杯均一價250日圓

同店備有各式各樣的酒精飲料，包括啤酒、燒酎、日本酒、雞尾酒等，人氣特佳的是瓶裝的燒酎，有芋5種，麥3種，以及蕎麥、米、泡盛共11種，而且全都是一杯250日圓的超值價。酒飲全部採取自助方式供應。

「甕裝燒酎有著瓶裝所沒有的風味。通常，大部分的店甕裝的都比瓶裝的賣得貴，但本店因為採取自助式，

（左）員工　**伊藤由紀子**先生
（中）店主　**堀田哲弘**先生
（右）主廚　**原田祐己**先生

所以價錢定得很便宜。之所以採自助方式，最初其實是因為人手不足，不得已採取的權衡之計。玻璃杯分成水割（ mizuwari）專用，以及其他用，基本上隨顧客喜好，能夠自行倒入滿滿一杯的作法，也深得顧客好評。」（堀田先生）

料理的理念
活用剛釣的鮮魚、地方名產、珍味等，
製作店裡的招牌菜！

「我曾在釣具公司上班，需巡迴全國的營業所，因此吃遍了各地的名產與珍味。而且我身邊有許多愛釣魚的人，常會拿釣的魚送我，我本身因為也有處理和烹調魚的技術，所以想把那些技術當成職業，因此選擇了餐飲業。」（堀田先生）

正如店主所言，該店除了有用當季魚類製作的菜色外，也有用地方名產和珍味烹調的料理。

或許是因為店主的經歷和菜色的關係，該店也有許多愛釣魚的顧客。

「也有顧客在不同季節，拿著剛從海裡或河裡釣到的魚來給我。此外，也有顧客去外地出差時，購買當地的名產來給我。本店有活用那些素材的料理，而且價格很便宜。」（堀田先生）

因為活用珍味和剛捕的魚，所以該店大多是簡單的料理。其他雖然也有費工夫的菜色，但是能享受到鮮魚和珍味等其他店嚐不到的料理，確實也是該店的魅力。

有的顧客店門一開就來，有的在店裡辦派對，有的則將該店作為當天最後光臨的店家，而且任何時段都有上班族的光顧，顯得熱鬧非凡。

OTE2
的芝麻白腹鯖
480日圓

這道讓人驚訝的生魚片料理，上面鋪著滿滿的海苔絲，將魚片完全覆蓋。新鮮的白腹鯖生魚片食用時，佐配昆布為底的調味醬油、大量芝麻和蔥來品味。海苔的香味和芝麻的濃厚風味，即使不喜歡白腹鯖的人也能接受。

芥末醋味噌涼拌章魚小黃瓜
380日圓

長腕小章魚在當地眾所周知，在博多灣即使投釣也常能釣到，據說有些常客會將釣到的長腕小章魚當作禮物送給該店。章魚和對味的小黃瓜一起盛盤，佐配芥末醋味噌來享用。

超美味！
烤芥末秋刀魚
450日圓

該店店主在釣具公司工作時，出差巡視各地曾發現一樣食材，這就是用他在北海道發現的青芥末醃秋刀魚製作的料理。他喜愛這樣素材，於是訂購送至店裡。收到點單後，才燒烤提供。秋刀魚的風味經過辛辣芥末清爽的調味，風味更鮮美爽口，適合用來下酒。

米糠漬鯖魚　350日圓

這道料理的食材是店主仍是上班族期間，出差時碰到的喜愛食材之一。米糠漬鯖魚是福井的代表性下酒菜。它具有足以使顯肌麻痺般的鹹度，所以切薄片盛盤。「烤過」的是450日圓。

特產　辣味醋牛腸　250日圓

這是店主向熟識的肉店請教的料理。豬腸以橙味醬油調味的「醋豬腸」，是博多的定番下酒菜，這裡用牛內臟來製作。和醋豬腸不同，牛腸厚實讓人滿足，還有油脂的濃郁美味，成為該店的人氣料理。牛直腸汆燙後再使用。

馬刺（生馬肉）　450日圓

料理的食材是店主仍是上班族時，前往熊本出差才首次見到。馬肉取腹肉外側的部位，特色是斷面能看到油脂夾住紅肉，價格平易，在熊本眾所皆知，被稱為「庶民的馬肉」。肉質富嚼感、味道清淡，最適合搭配燒酎。

立飲處　OTE 2

■ 地址／福岡縣福岡市博多區祇園町3-4
■ URL／http://ote2.on.omisenomikata.jp/
■ 電話／090-4980-0566
■ 營業時間／17:30～24:00
■ 例休日／週日、國定假日　■客席數／25席（2樓10席限預約）
■ 客單價／1500～2000日圓

東京立飲 BAR

（右）廚房員工　堤　亮二先生
（左）外場員工　關根公惠小姐

特色
在酒店激戰區，受上班族好評
其他店未見的產地直銷酒和料理富魅力

　　在「上班族城」的東京新橋，那一帶為第一大商業街，到處林立著以周邊上班族為目標的大眾化酒店，近年來流行的立飲店、西班牙和義大利風格BAR等也很突出。在如此競爭的地區，2012年10月，「東京立飲BAR」正式在此開幕。

　　該店在當地較晚起步，為此，不論料理或酒都推出其他店沒有，由產地直送的素材製作的特色化商品，廣受30歲代至較長年紀的上班族群的熱烈支持。

供應的酒類・銷售法
採西班牙BAR的風格，
招牌是熊本燒酎和其變化酒品

　　該店的最大特色，如同店名所取的「BAR」般，店內呈現西班牙BAR的氛圍，菜單方面以九州長崎的五島列島的魚，以及熊本的酒作為招牌。

　　關於酒品部分，該店以位於熊本的球磨燒酎釀造廠「堤酒造」合作的燒酎作為招牌。

　　「燒酎有芋、麥、米釀造等共5種，但本店的招牌酒，是使用裝在雪莉酒桶中熟成的燒酎，以及以燒酎調製的雞尾酒等。另外，本店還提供釀造廠特製的番茄、梅和咖啡等口味的利口酒，以及城裡不曾聽過「這裡才喝得到」的酒。」（共同經營者：小島由光先生）

　　這些燒酎中，除了裝在雪莉酒桶樽熟成的燒酎為750日圓，雞尾酒均一價為600日圓外，其餘均為550日圓，再加上其他店喝不到的珍貴酒款，只需花一枚銅板或再多一點點的便宜價格，吸引了大批上班族的捧場。

　　除燒酎之外，該店還備有雪莉酒、葡萄酒、威士忌和雞尾酒等，酒款相當豐富。

　　「這附近的許多BAR，都只販售葡萄酒作為招牌，本店還備有雪莉酒更顯得有特色。葡萄酒是BAR不可或缺的酒款，本店也備有紅、白酒共11種，論杯賣600日圓、論瓶賣均一價2800日圓。」（小島先生）

　　該店還備有7種單一麥芽威士忌（註：單一麥芽威士忌〔single malt whisky〕是指完全來自同一家蒸餾廠、完全以發芽大麥為原料所製造的威士忌），單份700日圓、雙份900日圓。這些酒款深受較年長的客層歡迎。

料理的理念

長崎五島列島的魚、熊本的
鄉土料理的食材，設計風格獨具的菜單

　　如前文所述，該店的菜色中，長崎五島列島的魚極具魅力。

　　「在數量日益增加的西班牙風格BAR中，新開幕的店若和其他的店推出相同的料理，就無法顯出差異性。所以本店在籌備之初，我便思考不以西班牙或義大利等哪國的料理來作為號召，而以素材本身的魅力來作為菜單的特色，以便和其他店有所區隔。我前往五島列島支援研究計畫的工作，方便我從五島進行水產流通，於是我決定善用這項優勢，將五島的魚當作店裡的特色。」（小島先生）

　　五島列島的周邊，是日本屈指可數的漁場之一。不僅有天然真鯛，還有石鯛、紅甘、鱸魚等優質魚種。但是，關東的流通條件不佳，大眾都無法嚐到。因此，以這些產地直銷的魚設計的菜單，成為該店的一大特色。在菜單中，以生魚片和白酒蒸魚等為主。

　　除了鮮魚外，從釀酒廠所在地熊本採購食材，也是該店絕無僅有的另一項魅力。那就是使用熊本產的馬刺（生馬肉）及特產的芥末蓮藕來製作料理。

　　「使用地方食材的菜色，至今多半只在鄉土料理店才能享受到。那樣的料理出現在BAR的菜單中，變成誘人的新鮮魅力。沒吃過的顧客可以來嚐鮮，而出身九州的顧客也可以來懷念一下家鄉味。」（小島先生）

五島列島直送
鮮魚生魚片　　　　　900日圓

這道該店的招牌料理，使用長崎五島列島捕獲的天然真鯛。它並非沾醬油食用的日式生魚片，而是調拌鹽、胡椒和橄欖油來食用。另外還加入檸檬和酸豆的酸味，不僅適合配燒酎，也能和葡萄酒及雪莉酒一起享用。

伊比利豬生火腿
Bellota
800日圓

該店開幕之初，希望促銷雪莉酒，因此菜色以西班牙的下酒菜為主。當時以破格價供應，西班牙產的最頂級、最昂貴的生火腿──伊比利豬的Bellota。該店考慮到嚼食時的滿足感，將肉片切得稍大塊，這點也是它吸引人的重點。

馬刺　蒜味生馬肉
750日圓

該店主要銷售熊本的燒酎，所以也備有熊本當地的特別料理馬肉。為避免盛裝醬油的小碟子放在桌上妨礙用餐，該店先用大蒜醃漬肉片，再塗上醬油後才供應。這道少油脂的健康紅肉，也深受女性顧客的喜愛，和燒酎也非常對味。

白葡萄酒蒸鮮魚　　850日圓

這道料理是用鋁箔紙包住白肉魚後，簡單用葡萄酒炊蒸即完成。基本上使用真鯛製作，不過也會根據不同季節，換用五島列島產的其他白肉魚。蒸好後直接送至客席，於顧客面前再打開鋁箔紙。當蒸氣和香味從中冒出，將引起一陣歡呼聲，是極具人氣的料理。為了提引魚的鮮味，使用味道略微清淡的白葡萄酒製作。

東京立飲BAR

- 地址／東京都港區新橋2-8-17 新橋 KIビル1F
- URL／http://www.tokyo-bar.jp/
- 電話／03-6206-1995
- 營業時間／17:00～隔天2:00（週六、國定假日至23:30）
- 例休日／週日
- 容納人數／30人　　■客席數／17席
- 客單價／2000日圓

炸伊比利豬絞肉排　　700日圓

該店作為下酒菜的定番炸物中，有這道使用伊比利豬絞肉製作的豪華炸豬排。其中還加入搗碎的馬鈴薯，完成後不但味道更柔和，也更有份量感。炸好後立即分切盛入容器中，淋上豬排醬汁後供應，也更容易讓人親近。

生火腿的基本知識

採訪・照片協力 Gourmet World（董事長 田村幸雄）

提到生火腿，立刻會想到西班牙產的山火腿（jamón serrano）和義大利產的生火腿（prosciutto）。尤其在西班牙，火腿是 BAR 不可或缺的素材。可是，西班牙產和義大利產的火腿有何不同。以下將以山火腿為焦點，介紹兩者的差異。

西班牙產和義大利產，外觀及味道上的差異

西班牙產的山火腿和義大利產的生火腿，兩者都和葡萄酒極為對味，是銷售葡萄酒時不可或缺的食材。在西班牙風的 BAR 裡，即使是小規模的店家，也經常可見店內掛著數條生火腿，以此招徠顧客。

日本泡沫經濟之後，雖然已輸入生火腿和山火腿，但隨著近來小型葡萄酒店的盛行，又開始再度受到矚目。

因火腿的生產國不同，除非有展示會，否則店家在引進火腿時，不太有機會先試吃比較來了解各別的特色。

順便一提，試吃比較同等級的火腿後，會發現西班牙產的肉質較紮實有嚼勁，而義大利產的比較富彈性。兩者沿著肉的纖維平行切開，在味道和香味上，西班牙產的較濃厚，而義大利產的較圓潤。給人的印象或許有點像男性和女性。當然，依不同製造商、製品等級、狀態和切割部位的不同，會給人截然不同的印象，不過能清楚辨識各有獨特的風味。那麼，不同的特色是如何製作出來的呢？

豬。兩種黑豬火腿都很昂貴，除了稀少外，肉質、味道都很優良。

那些豬隻的後腿經過鹽漬、乾燥、熟成後，即為生火腿。除了鹽之外，不加任何其他的食材，在當地的環境中花費長時間慢慢地進行熟成，才形成獨特的風味和香味。

以天然海鹽進行鹽漬作業，西班牙和義大利的不同點

鹽漬火腿時所用的鹽，不論西班牙或義大利，都是使用富含礦物質的天然海鹽。因為海鹽顆粒粗。若鹽粒太細，短時間內肉中會滲入太多鹽分。

通常，在義大利是每次都使用新鹽，在西班牙則會反覆使用舊鹽。透過鹽漬作業，鹽接觸肉汁融化後，風味會變得圓潤，不死鹹，完成後的山火腿也變得有鹹味。

用鹽醃肉的作業，義大利的職人是在肉上撒鹽後，將肉排在架上醃漬。而西班牙常見的作法是，將肉和大量的鹽層疊醃漬。不同製造商作法也不同，有的用不鏽鋼容器盛裝鹽，再放入肉醃漬。不過用不鏽鋼容器的作法，在義大利不曾見過。

這樣的鹽漬作業，要分別進行一到兩次，醃漬的天數相同。其間，肉要經過清洗、去除污血，然後再鹽漬。這樣鹽漬作業需花數天的時間，而且得在可管控溫度的室內進行。

一般是特別飼育的白豬，但高級品還是黑豬

不論西班牙或義大利，生火腿的原料大多使用特別飼育的白豬。被飼育的豬隻為的是用來製作生火腿，例如認證為帕瑪（parma）產的火腿，連豬隻的飼料都有嚴格的限制，飼料中還會加入製作生火腿（prosciutto）時產生的乳清。

不只使用白豬製作，也會使用像西班牙的伊比利豬、義大利的席恩那琴塔豬（cinta senese）那樣品種的黑

乾燥熟成後，再附黴熟成，提高鮮味成分

鹽漬完成後的肉，先洗去表面的鹽，再進行乾燥作業。這時要用繩子將肉吊掛起來，在保持一定溫度和濕度的室內，花時間讓肉進行乾燥。這段期間，肉中的鹽分會滲透得更深，剖面乾燥變硬。乾燥結束後，進入熟成作業。熟成作業分成「乾燥熟成」和「熟成（aging）」。藉由這項作業可去除肉表面的油脂。

「乾燥熟成」作業，是將肉掛在通風良好的地方讓它熟成。在不同的季節下，有時會開窗讓空氣流通，讓肉在當地的自然環境下進行熟成。

這項作業結束後，接下來進行「熟成」作業。隨著肉上長黴、水分蒸發，蛋白質經黴菌分解，鮮味成分開始發生變化。這項作業類似日本的柴魚製作程序。

在義大利第一次附黴作業是以白黴為主。進行這項作業時，生火腿的斷面會塗上用豬油和米粉攪拌成的材料。這樣能減少生火腿的水分蒸發，製作出肉質柔軟的生火腿。

與此相對，在西班牙大多分兩次定期進行附黴作業。經過一次附黴後，用manteca油（豬油和橄欖油的混合物）擦掉表面的黴，再吊掛。起初白黴會開始泛灰，之後慢慢變成褐色。因附黴期很長，黴會吸收生火腿內部的水分，使肉變得更結實。

為了幫助附黴作業的進行，西班牙的許多製造廠的熟成室都位於地下1～2樓。以便讓肉在濕度高、空氣不流通的地方熟成。這種情況在義大利也不太常見。

帕瑪產的火腿約需300～600天（10～20個月）熟成期，據說有的高級品需花30個月的時間。此外，也有西班牙產的相同高級品需要20個月熟成，不過伊比利豬甚至需要56個月熟成。這樣的生火腿和長期熟成的起司，有著類似的濃郁風味。

鹽漬作業時，撒上大量海鹽的肉整齊堆放的情形。在溫度、濕度保持恆定的環境下，讓鹽分滲入肉中。

火腿進行熟成作業。鹽漬完成的肉，沖洗去鹽分，吊掛在可控管溫度、濕度的環境下，讓它乾燥、熟成。

在西班牙，有些製造商將肉和鹽一起放入不鏽鋼容器中醃漬。肉汁能從容器下方流出。

火腿進行熟成（aging）作業。在西班牙，會定期進行2次附黴作業，以完成鮮味濃郁的生火腿。

西班牙和義大利
享受生火腿的方式大相逕庭

西班牙的有些地區，即使是大眾化的BAR也會購買原木（整支火腿），於店裡再手工分切。相對於此，義大利的BAR不太有這種情況。因為在義大利通常是坐著用餐，生火腿是餐廳中的一道料理。切片盛盤是服務人員的工作。因此，在大眾化的酒店不太能看到分切原木的情形。

這點雖然是兩國飲食習慣不同所致，不過其他地方仍有許多差異。

西班牙多採取手切方式。刀刃和肉的纖維保持平行切入，這樣肉質口感細滑，易保留纖維的彈性。因為手工切片，可以切得稍厚一點。換句話說，這樣能享受嚼勁，口中餘韻猶存。

在義大利，一般是用切片機儘量切薄片。而且，刀和肉的纖維呈直角下刀。因此，吃起來口感豐潤，入口即化，還能享受濃郁的風味。

生火腿風味獨特，不僅能夠直接享用，還能用於料理中，有些店設計出各種吃法。在歷史傳承中，已將生火腿融入生活中的西班牙和義大利，最常見到這樣的飲食智慧。

在日本隨著BAR的盛行，有些店也開始嘗試運用生火腿。為了讓顧客享受西班牙和義大利產的不同風味，也出現一些重視生火腿的BAR，他們在店裡放著兩國的生火腿供顧客試吃比較。

在輕鬆享受葡萄酒配西班牙或義大利料理的店不斷增加的今天，希望你透過更深入了解葡萄酒絕配的生火腿特色，更進一步發揮店的特色。

在西班牙用生火腿能製作各式料理，圖中分別是：法國短棍麵包夾生火腿、BAR的定番波卡迪優潛艇堡（bocadillos）、半熟煎蛋配生火腿、朝鮮薊配生火腿的前菜，以及串燒等。

Gourmet World 社　TEL 0288-32-2939　HP http://www.gourmet-world.co.jp

特色酒 BAR

葡萄酒 BAR

日本酒 BAR

啤酒 BAR

本章將介紹備有葡萄酒、日本酒、啤酒等多樣化酒款,及多種享用方式的BAR。它們具有以往專賣店所沒有的輕鬆感,以及下酒菜風味料理和活用酒類的料理等,獲得超高人氣。

立飲葡萄酒BAR

角打葡萄酒 利三郎

料理長
久下博之先生

特色
開設在人氣居酒屋附近，
具有候位功能的立飲店

2009年6月，「遠藤利三郎商店」於東京押上住宅區一隅開幕，還兼設葡萄酒專賣店，該店能享受到豐富的葡萄酒和正統的居酒屋料理，匯集超高人氣。開業3年，已變得很難預約位置，無法來店的顧客日益增加，因此該店於2012年4月又開設一家完全的立食店，那就是「角打葡萄酒 利三郎」。

該店僅有八坪大的空間。但是，因為它距離總店很近，總店客滿時，這裡還兼具候位功能，店裡能站著小酌1杯，是一家能被廣泛運用的店。

開幕後，因為能夠輕鬆地利用，據說也有很多女顧客隻身前來。

「我們是想讓顧客輕鬆使用的立飲店，為了讓顧客無負擔地享受料理和葡萄酒，花費了許多心思。雖然料理是500日圓的平實價格，不過都是很用心的工夫菜，店內也有常駐的酒侍。我想顧客應該能發現本店價格以外的價值。」（料理長：久下博之先生）。

該店很早的時間就開始人聲鼎沸，因為周邊有觀光景點，所以週六、日比平時更早，從16時就開始營業，深得葡萄酒客歡心。

供應的酒類・銷售法
料理和葡萄酒全部500日圓。
備有各式能輕鬆點單的葡萄酒

「因為我們距離總店很近，各分店會變更料理的內容，提供不同價位的料理。」（久下先生）

相對於總店主要價位為1500日圓的料理，本店不論料理或按杯計價的葡萄酒，全部都是500日圓，這成為本店的一大特色。

論杯賣的葡萄酒，備有嚴選自世界葡萄酒產地的紅、白各5種、氣泡酒1種。其他還準備1800日圓論瓶賣的酒，以及多種餐前酒和餐後酒，以因應顧客的需求。

「雖然本店只需花一枚銅板的價格，不過提供的葡萄酒品質與服務等和總店同樣充實，希望顧客能夠滿意。店內的黑板上寫著酒單，因為只列在黑板上，不清楚的顧客也能一目了然，發現到有很多酒都能輕鬆點單。」（久下先生）

料理的理念
採用高效率的作業模式，
以低價位供應和總店同品質的料理

因為料理都是要快速上菜的下酒菜，主要提供烤箱烘烤、燉煮料理、炸物和沙拉等。價格如上所述，統一為500日圓。若點論杯賣的葡萄酒，不論酒或料理都是一枚銅板的價錢，對顧客來說，很容易計算費用，方便顧客衡量荷包，決定當天的消費。這樣的作法，也是吸引顧客輕鬆光臨、享受的主要原因。

和葡萄酒一樣，料理也不製作菜單，僅標示在店內所設的兩個黑板上。因此，料理的命名希望能讓顧客一看便能想像到料理的內容和味道。

「舉例來說『戈爾根佐拉起司佐馬鈴薯沙拉』，是在標準的馬鈴薯沙拉中，加入戈爾根佐拉起司的鹹味的料理。多數人都知道戈爾根佐拉起司是藍黴起司，直接以此命名，顧客便能想像料理的味道。」久下先生表示。

考慮到要縮短顧客等餐的時間，大部分的料理，都採取收到點單後只要兩個步驟就能上桌的作業模式。烤箱料理或炸物也在15分鐘內供應，不讓顧客久等。

此外，因為該店是8坪左右、最多只能容納20人的小規模店面，所以用低價提供份量稍少但品質和總店完全相同的料理。

田中肉屋肉派 500日圓

這是「遠藤利三郎商店」也有供應的肉派。它是經由墨田區舉辦的「墨田時尚2011」認證的招牌料理,深受顧客喜愛。使用牛肉和豬肉比例各半的肉和豬肝,完成後呈現濃厚的風味。本店將肉派切得稍薄,以500日圓平易的價格供應。

茄汁雙色橄欖　500日圓

這道料理使用肉丸等料理中常用的番茄醬。以番茄醬燉煮去籽橄欖即完成。事先備妥煮好的橄欖,收到點單後,只需兩個步驟就能輕鬆上桌。因為能快速出餐,成為顧客點餐率很高的料理。

戈爾根佐拉起司
佐馬鈴薯沙拉　500日圓

這道料理是在加入小黃瓜、紅洋蔥和白煮蛋的標準馬鈴薯沙拉中,裝飾上切片的戈爾根佐拉起司即完成。戈爾根佐拉起司的重鹹味和馬鈴薯沙拉的鹹味,便能調和出適當的風味,因此要減少馬鈴薯沙拉的調味料。為了方便戈爾根佐拉起司切片,請先放入冷凍備用。

炸豬排
夾起司和番茄醬　500日圓

這是一道米蘭風味的炸豬排。接受點單後，為了節省分別烹調炸豬排和番茄的時間，該店採取用豬里肌肉夾住番茄醬和起司再油炸的作法。製作前先拍鬆豬里肌肉，不僅肉質變得更柔軟，表面積也變大，完成後外觀看起來更誘人。

立飲葡萄酒BAR　**角打葡萄酒 利三郎**

■地址／東京都墨田區押上1-31-6 スプリグハイツ（spring heights）1F
■URL／http://endo-risaburou.com/kakuuchi/
■電話／03-3611-8634
■營業時間／17:00～24:00（L.O.23:00。週六自16:00起。週日、國定假日16:00～23:00、L.O.22:00）
■例休日／無休　■容納人數／20人
■客單價／2200～2300日圓

醃節瓜和牛角江珧蛤　500日圓

這道是使用義大利節瓜和牛角江珧蛤，表現出夏季清爽的風味。牛角江珧蛤先以檸檬風味的橄欖油醃漬，義大利節瓜先烤過引出甜味，再以白葡萄酒醋為主體的特調調味汁醃漬。之後兩者間夾入具有融合作用、酸味柔和的番茄醬即完成。

葡萄酒
BAR

壤〔泡組〕

主廚
板倉宏昌先生

特色
能輕鬆享受氣泡葡萄酒、啤酒等「氣泡飲」的人氣店

2004年開幕的「壞」，以開設「讓日本人看起來很帥的立飲店」的理念，將位於紅坂小巷中的民家改裝成懷古氛圍的店面。該店2011年又重新裝修，改名為「壞〔泡組〕」，提供氣泡葡萄酒、啤酒等「氣泡飲」為主，聚集超高的人氣。

該店的一樓是立飲空間，二樓是有桌子的客席。一樓主要是相約碰面或想輕鬆喝酒的客人，二樓多是團體客或想正式用餐的客人，高朋滿座的客人總喧鬧至深夜。

供應的酒類 · 銷售法
發泡葡萄酒1杯500日圓起。少量進貨，經常供應新口味

該店原本供應日本酒和燒酎。後來改成能讓顧客輕鬆享用「氣泡飲」的店，尤其是香檳酒、氣泡葡萄酒等，再度重新出發。

「店裡的酒都是經過試飲後，覺得美味的葡萄酒。味覺會隨著季節改變，在不同季節我會更換甜味和酸味不同平衡的酒款。而且本店不大量進貨，一次大約只進5～6瓶。酒賣完後，會進不同的品牌，讓顧客享受到多樣化的風味。」（主廚：板倉宏昌先生）

擁有許多常客的該店，據說有許多人都是為了來喝新口味的葡萄酒。為了那些客人，該店經常備有新的葡萄酒。

氣泡葡萄酒論杯賣1杯500日圓起。論瓶賣3000日圓起。香檳酒1杯1000日圓起。論杯賣的氣泡葡萄酒，會倒到滿至杯緣，這也是該店特有的服務。

最近，該店還推選出日本產的手工啤酒，也成為店裡的另一個招牌。

「因為有位精通手工啤酒，也寫手工啤酒部落格的人和社長認識，在他的建議下，本店才決定販售這項產品。」（板倉先生）

料理的理念
為了能配合顧客喜好、彈性因應，店內準備「多樣化」的料理

本店一樓的立飲區及二樓的座席，都提供相同內容和價格的料理。菜單由招牌的特色料理和隨季節變換的料理構成，而且當季料理也有不同變化。據說很多客人都是沖著該店的招牌菜而來，所以定番菜色不會更換。

招牌料理中，不到一枚銅板的下酒菜，或是立刻能出餐的「小菜」等，主要供應等待朋友的客人享用。同時，該店也有準備大份量的料理，也能因應用餐顧客的需求。

其中，該店的特色是有許多「當日」料理。前菜和沙拉等料理中，一定會準備這樣的料理。

「一樓的立飲吧台是開放式，所以我能告知顧客該料理「當日」的內容。雖然店也有當天的狀況，但料理時仍然能夠因應顧客「當日」的喜好等。而且我和顧客也能愉快的對話。我覺得店和顧客間的對話，也是BAR有趣的地方。」（板倉先生）

如板倉先生所言，身為主廚的他也站在櫃台後，透過和顧客的對話，一次次變化出不同的料理。

「例如，我有時製作紅葡萄酒用的料理，有時即席製作適合白葡萄酒的料理。所以我重視的是不過度準備。雖然已有基本的菜色，但照著菜色來做準備，不如憑著現場的感覺或顧客的需求來決定料理的風味。」（板倉先生）

前菜
泡組當日拼盤
1500日圓～

這道料理以當天的七種前菜組成一盤,相當地物超所值。從最前方開始順時鐘方向,依序是羅勒醬拌章魚、義式燉蔬菜、包心菜絲沙拉、醃黃瓜、肉醬、生火腿和臘腸。肉醬是以番茄醬燉煮過的豬肉製作,是適合夏季享用,清爽又健康的料理。圖中是2人份的份量。

香草麵包粉烤油漬沙丁魚
700日圓

這道是使用油漬沙丁魚,簡單又適合搭配葡萄酒的下酒菜。將做好的醬汁和香草麵包粉撒在油漬沙丁魚上,再放入烤箱烘烤即完成,相當地簡單。香草粉的香味和能激發食欲的咖哩香融為一體,此外,鯷魚的鹹味很適合搭配葡萄酒。

鹽崎家的蘆筍　　600日圓

以長野農家直送的綠蘆筍製作的料理,為了能直接品味它清脆的美味,只經過香煎就簡單完成。享用時可沾取具鹹味和咖哩味的美奶滋醬。蘆筍很柔嫩,其特色是不需要特別清理,只要在烹調前摘除硬鱗或切除根部即可。

番茄燉牛肚

800日圓

這道經典人氣料理，不論紅、白葡萄酒都適合搭配。水煮過的蜂巢胃，用高湯和番茄等材料一起燉煮1～2小時，之後加入以南法普羅旺斯產的綜合香草為主的香草、香料類等，就完成這道風味豪華、個性十足的美味料理。

壞〔泡組〕

- 地址／東京都港區赤坂3-14-5
- URL／http://www.grace.fm/joe
- 電話／03-5545-4241
- 營業時間／17:00～隔天2:00（週五至隔天5:00。週六至24:00）
- 例休日／週日、國定假日
- 容納人數／1樓30～40人、2樓（桌席）20席
- 客單價／2000日圓左右（1樓）

久松農園直送
當日大份沙拉

900日圓

如菜名般，這份用有機蔬菜製作的沙拉份量十足，以經濟的價格供應，非常受歡迎。農家當天送來的蔬菜種類都不同，所以沙拉的內容也會跟著改變。因為蔬菜的味道鮮美濃厚，為了充分發揮美味，以簡單的調味汁調拌後享用。

富士屋本店 Wine Bar

（左）店長・酒侍　**新井康哲**先生
（右）主廚　**西內紀明**先生

特色
連日店內顧客爆滿，
立飲葡萄酒的超人氣店

創立130多年的老酒店「富士屋本店」，位於年輕人聚集的澀谷站前的繁華城，也就是隔著國道246號線的櫻丘町，該店經營的立飲居酒屋，位於地下室，是一家天天爆滿，自古就遠近馳名的店。

在該立飲店的大樓的1樓，2004年又開設了「富士屋本店Wine BAR」。和居酒屋一樣同屬於立飲風格，它經濟實惠、CP值又高的葡萄酒和料理極富魅力，天天都高朋滿座。

店內約可容納50人。店內客滿時，店頭還備有約10人可利用的桌子，因店內天天客滿，進不了店只能在店頭享用餐飲的客人，也總是擠得滿滿的。該店的顧客幾乎都是下了班的上班族，最近由於立飲風格很流行，據說該店的女顧客也日益增加。

供應的酒類・銷售法
葡萄酒共150種。
杯或瓶都價格合理深具魅力

「本店葡萄酒的CP值很高，以價格合理的酒種為主，總共有150種左右。主要價位約2000～3500日圓。另外也有許多新世界和風味容易接受的酒款。」（店長・酒侍：新井康哲先生）

150種葡萄酒都由新井先生試喝過才購入，除了定番酒款外，其他的很快就會換新，店內常備有新口味的葡萄酒。

該店的酒多到讓顧客不知該如何點選，不過店長新井先生兼具有酒侍的資格，他會因應顧客的要求，為他們挑選喜愛的葡萄酒，或是推薦和料理對味的酒款。

按瓶計價1瓶1900日圓起。約有10多種按杯計價的葡萄酒是400日圓起的大眾化價格。這樣的定價，為的是讓剛接觸葡萄酒的人，能夠無壓力地輕鬆享用。

料理的理念
配合立飲風格
推出「易食用」的料理

「基本上，我都使用大家熟悉的食材來製作。因為客人完全不認識的食材，他們很難想像味道，就不會點。調味料方面，為了呈現光澤和濃度，我不使用砂糖來呈現甜味，而是使用蜂蜜。」（主廚：西內紀明先生）

該店的料理約有80種。菜色寫在店內的黑板上，以方便顧客選菜。該店的特色是充分展現立飲葡萄酒BAR的風格，推出許多充滿下酒菜感覺的菜色。

「立飲店裡，客人的流動速度很快，客人不喜歡點餐後要等很久的菜。所以，為了讓所有點單都能1～2分鐘就出餐，我事先會做萬全的準備。」（西內先生）

店內料理是一道150日圓起的實惠價格。但是，每道菜該店都十分用心地配合店的風格，讓顧客容易點單和享用。

「因為要站著吃，所以不用刀叉，這樣我在切法和盛盤方式上也要下工夫。雖是西式料理，但基本上顧客是用筷子來吃。而且我們和有座位的店不同，因一個人的空間有限，所以菜的份量和容器都要變小，即使如此，味道仍要讓顧客滿意。」（西內先生）

該店的菜色很頻繁更新。能否搭配葡萄酒是基本的考量，在因應顧客要求試做新菜時，這點也會考慮進去。據說能作為下酒菜又易點餐的料理，很多客人都是一夥點個6～7道。

醃漬螢烏賊　　150日圓

該店採立飲風格，為了方便顧客輕鬆食用，以烈酒杯來盛裝這道下酒菜。螢烏賊並不是使用生的，而是用經過冷凍加工的沖漬品（註：請參閱P147），全年都能供應。實惠的價格深具魅力。

俄羅斯風馬鈴薯沙拉　　150日圓

這道在西班牙等地被視為「俄羅斯風沙拉」，使用馬鈴薯和美奶滋的料理，該店將其改版成這道料理。蔬菜類中加入橄欖、酸豆和鮪魚等多種材料，用大蒜味的美奶滋調拌，淋上荷蘭醬後，再烤出焦色即完成。

雞肝慕斯　　200日圓

這道深具特色的慕斯，是用風味高雅的珠雞的肝製作。雞肝慕斯先冷凍備用，之後削入香提鮮奶油中，再淋上具酸味的蜂蜜焦糖醬汁。料理入口後，能夠享受到揉合酸味與甜味、入口即化的雞肝風味。它也是很適合搭配葡萄酒的人氣下酒菜。

鰻魚包心菜　　150日圓

這道以大塊包心菜製作的料理，乍看之下令人印象深刻。作法是將包心菜放入鰻魚風味的調味汁中醃漬，取出後煎烤出焦色，之後再淋上混合鰻魚醬的蒜油即完成。適合搭配白葡萄酒，深受顧客喜愛。

紅酒燉牛五花肉　　400日圓

這道適合搭配葡萄酒，以紅酒燉煮的經典料理，在立飲風格下供應。肉塊切成方便用筷子食用的大小，食用時不必用刀、叉，製作重點是讓肉裹上醬汁。顧客可一面沾取濃稠的醬汁，一面慢慢地享用，因此深受愛酒人的好評。

富士屋本店Wine Bar

- 地址／東京都澀谷區櫻丘町2-3第二富士商事ビル1F
- 電話／03-3461-2128
- 營業時間／17:00～23:00（L.O.22:30。週六至22:00、L.O.21:00）
- 例休日／週日、國定假日、第4個週六
- 容納人數／50人
- 客單價／2000日圓

BALTHAZAR

店主
三原雄太先生

特色
活用新鮮蔬菜的料理，
輕鬆享受自然葡萄酒（natural wine）

　　BALTHAZAR 於 2005 年開幕。提供從店主老家送來的蔬菜製作的料理和自然葡萄酒。該店位於大阪市內商辦街的一隅，店內八成客人是下了班的上班族。天氣好的時候能在戶外享用，雖然在街頭，但開放的空間感讓人心情愉悅。不同季節，店裡也販售當季的蔬菜、自製番茄醬和果醬。

　　「在南、北等熱鬧商區一些不喝酒的人，似乎會跑到本區來。在晚一點的時段，也有很多人來此續第二攤。」（店主：三原雄太先生）

　　該店在當地經營很多年，擁有許多老主顧。料理雖然是點菜方式，不過也能事先預約在店裡開派對。

　　店主三原先生在店內擔任服務人員，和顧客保持適當的距離感，不過常在顧客點葡萄酒時和他們交流。他重視酒和料理是否合味，一面以清楚易懂的說明向顧客解說，一面提出建議的酒款。

供應的酒類・銷售法
準備風味柔和的自然葡萄酒，
搭配蔬菜料理

　　該店的葡萄酒有六成是法國產品，全部都是自然葡萄酒。該店長年推出蔬菜料理，配合蔬菜備有猶如能滲入體內般的清淡口味的葡萄酒。

　　「本店也有一般的發泡葡萄酒等顧客熟悉的淡味葡萄酒，我會和顧客一面溝通，一面說明酒的特色。自然葡萄酒大多由有個性的釀造者釀造，我也想傳達那樣的魅力。此外，這樣的溝通讓喜愛厚味葡萄酒的人，也能夠了解淡味葡萄酒的魅力，而且我也會考慮和料理的搭配性來推薦。」（三原先生）

　　該店的常備葡萄酒約有 60 款。寫在黑板上按杯計價的紅、白葡萄酒各 3 種，及 1 種氣泡酒均為 800 日圓起。按瓶計價的 4000 日圓起。論瓶和論杯賣的點單率差不多，酒類的總銷售率為 40％。

料理的理念
為讓顧客充分享受季節蔬菜
每天變換菜色

　　「本店使用我父親在出雲，叔母在京田邊栽種的蔬菜，配合每個季節採收的食材，我每天都會變換菜色。」（三原先生）。

　　開店時，我會依據收到的蔬菜來設計菜色。店主三原先生對料理的想法，主廚將它們實際地表現出來。像是定番料理歐姆蛋捲、炸物、義大利麵和披薩等，大部分都不改變烹調法，而只是改用蔬菜。

　　在本日 700 日圓（1 人份）的前菜拼盤中，組合有蔬菜歐姆蛋捲、炸蔬菜、蔬菜法國鹹派等共 7 種前菜，以蔬菜為主角的菜單，深獲女性顧客好評，也有許多顧客是專程為了蔬菜料理前來。

芹菜香草
雞肉煎餃　　600日圓

麵皮的特色是裡面混入粗磨小麥粉，吃起來更有鮮味與口感。煎餃不沾醬直接食用就很美味，不過沾取法式調味料哈里薩辣醬後，辣味變成重點風味。風味濃厚的白葡萄酒或清爽的紅葡萄酒，都和雞肉十分對味。

章魚酪梨
小黃瓜沙拉
900日圓

這道適合初夏享用的簡單料理，很受女性顧客的歡迎。食材隨季節變換，以法國風調味汁調拌後供應。可組合貝柱、酪梨、馬鈴薯、醃鯖魚、芹菜等各種食材。最適合搭配具有微量元素感的清爽白葡萄酒。

油炸什錦蔬菜　　950日圓

這是組合當季約6種蔬菜的人氣拼盤料理。油炸麵衣中，有些配方會加入啤酒，該店為發揮蔬菜的原味，改用碳酸水。山菜等適合不沾麵衣的食材，則直接以油清炸。最適合搭配氣泡酒等清爽的葡萄酒。

淺烤鰹魚和茄子
1000日圓

這道適合初夏的清爽料理，因採購的魚種不同，有時會以鮪魚取代鰹魚。以葡萄酒醋和香草製作的清爽風味義式青醬，也應用在其他菜色或生魚片裡。該店推薦搭配稍微冰過的淡味紅葡萄酒，或是有酸味的粉紅葡萄酒。

BALTHAZAR

- 地址／大阪府大阪市西區靫本町1-6-11F
- URL／http://www.balthazar-net.com/
- 電話／06-6447-5220
- 營業時間／11:30～14:30、18:00～24:00
  （週六為17:30～23:00）
- 例休日／週日、國定假日
- 客席數／17席
- 客單價／3000～4000日圓

蒜味羅勒番茄義大利麵
1200日圓

這是在番茄盛產的季節所提供的義大利麵。番茄恰到好處的酸味成為該店特色料理，很受顧客歡迎。菜料中沒有動物性食材，是只用蔬菜的簡單料理。適合搭配清爽、香味濃厚的紅葡萄酒。

澀谷BAR 209
Wine & Tapas IZAKAYA

（右）店長　川野正隆先生
（左）料理長　長谷川正樹先生

特色
在年輕人之城的澀谷，天天聚集
20歲代後半「成人客層」的BAR

2009年，「澀谷BAR 209」在東京澀谷的道玄坂開幕。店的型態是提供葡萄酒＆下酒菜的居酒屋。在這個聚集許多中學、高中生的城裡，主客源為25歲以後的社會人士的該店，天天熱鬧不已，到了週日顧客甚至多到擠不進店。特別的是該店吸引了許多女顧客。

「澀谷被稱為年輕人之城，但是那裡給成人們娛樂的場所很少。我當時想在這裡為成人們打造一個餐飲的空間，於是開設了這家店」（經營者：宮村榮宏先生）

宮村先生到西班牙旅行時，接觸了當地讓成人顧客放鬆享受的BAR的經營型態，對它很感興趣。BAR裡有年輕人，也有40～50歲代的人和外國人。在同一個空間裡，形形色色的人熱鬧地享受著餐飲。宮村先生便以那樣的意象，打造「澀谷BAR 209」。

供應的酒類・銷售法
葡萄酒論杯賣390日圓起。
論瓶賣在特價的歡樂時段也很受歡迎

按杯計價的葡萄酒備有紅、白、氣泡酒共9種。按瓶計價的2900日圓起，約備有40多種。酒款經酒侍和宮村先生討論後，或是發現有顧客喝膩不來的情況時就會換新酒款。

關於該店的招牌葡萄酒，以論杯賣390日圓、論瓶賣1000日圓的便宜價格販售。此外在開門營業至19時為止的歡樂時段內，該店會挑選15種論瓶賣的酒，以1900日圓的價格提供，贏得高人氣。

除了葡萄酒以外，該店還備有深受女顧客歡迎的自製桑格莉亞，夏季第1杯點啤酒的顧客明顯增加時，該店會舉行啤酒品鑑會等，以輕鬆飲酒的形象來吸引顧客。

「本店雖是西洋風格的BAR，不過副店名中的「IZAKAYA」，是希望顧客能放鬆自在地享受料理和酒品。為此，本店的價格儘量壓低。」（店長：川野正隆先生）

料理的理念
費心備料以提高下酒菜的鮮度，
絲毫不浪費以壓低價格

該店的料理以小盤350日圓起為主，備有簡單的下酒菜、正餐料理和甜點等。人氣料理包括蒜味蝦、下酒菜和西班牙香飯等。

「本店並不是只有講究西班牙風料理。雖然以西班牙BAR的料理為基礎，不過同時還混搭日式料理以外的其他國家的料理，形成該店特有的料理風格。」（料理長：長谷川正樹先生）

例如在食用蝸牛中使用亞洲香草，蒜味料理中使用泰式魚醬（num pla）等，該店的特色是依組合的素材變化調味料，以增添個性風味。

主要的下酒菜以蔬菜、串燒、海鮮和肉類等30種食材組合。

「本店下酒菜的菜色很多，為了不浪費，每份料理的食材備量很少，以便在不影響原價下全部賣光。同時，每天更換的拼盤和無菜單料理則準備得比較多，這樣食材循環得很快，也能常保提供剛完成的新鮮料理。」（長谷川先生）

該店事先很用心地準備食材，即使菜色數量很多，也不會造成浪費。

此外，該店逆勢操作限量料理反成為行銷重點，例如使用北海道函館直送的海鮮製作的限量料理。主廚向認識的業者採購，每天推出以不同的素材製作的5～6份限量料理，營業後很快便售罄，也成為該店的重點料理。

下酒菜拼盤

880日圓

這道料理的內容每天更新，還能配合人數和顧客的需求，調整種類和份量多寡。菜色會視當天的狀況，從500日圓以下價格的下酒菜中挑取組合供應。價格既實惠，份量又足，擁有極高的人氣。

戈爾根佐拉蒜味吐司　500日圓

這是揉合蒜味和起司這兩種風味麵包，適合搭配葡萄酒的麵包料理。法國短棍麵包製成吐司前，先用鮮奶稍微沾濕後再烘烤，吃起來口感不乾澀，而且風味更濃郁。戈爾根佐拉起司和鮮奶油混合，能調和原有的濃郁風味，更容易食用。是深受女性喜愛的一道料理。

蒜味蝦

750日圓

雖然該店準備了5種蒜味料理，不過這道是半數客人都會點的人氣料理。西班牙料理中，很多都是採用陶製專用容器製作，因陶器導熱良好加熱迅速，收到點單後能立即出餐，不過這道料理該店大膽以鐵鍋盛裝上桌。

澀谷BAR 209　Wine & Tapas IZAKAYA

■地址／東京都澀谷區道玄坂2-28-1椎津ビル1F
■電話／03-3462-7422
■營業時間／11:30～15:30、17:30～隔天5:00（週六11:30～隔天5:00。週日至24:00）
■例休日／無休　■客席數／49席（前廊席8席）
■

當季什錦海鮮　790日圓

原日文菜名中的「meli-melo」，在法國語中是「隨意混合」的意思。正如料理的名稱，這是組合當季各種海產的一道料理。為了呈現Q彈的口感與鮮味，選用草蝦製作。最後沾上大量的細碾麵包粉，味道變得更有整體感。

什錦烤肉　800日圓

這道具份量的料理，是以該店自製的西班牙辣香腸為主，加上當天的各種肉類組合而成。圖中的料理是使用雞脖肉，不過每天都會變換，像是雞心、牛心、豬舌等。肉下墊有包心菜，菜能吸收肉汁，作為葡萄酒的下酒菜直到最後一口都美味。

西班牙海鮮飯　980日圓

這是從生米開始炊煮，正統的西班牙海鮮飯。使用米粒大，適合西班牙海鮮飯的山形產「haenuki」米製作。米和海鮮一起炊煮，海鮮釋出高湯會流失鮮味，所以先分別加熱最後再組合，之後再加熱一下讓它呈現整體感。這道料理供應前需花20分鐘意調，最好事先向顧客說明，或視顧客狀況推薦，以利更順暢的提供。

日本酒亭 酛

特色
女性也能輕鬆享受日本酒
自在舒適的立飲BAR

2010年6月開幕的「日本酒亭酛」，位於大樓的地下1樓，是一家大約10人就客滿的小型立飲店。室內布置採時尚、簡約風格，店內散發著女性也能輕鬆進入的氛圍。

在U字形櫃台負責接待客人的是女店長千葉麻里繪小姐。不了解日本酒的顧客，只要告知千葉小姐自己喜好的味道，她便能根據季節和料理的特性，選出顧客想喝的酒。

「也許日本酒的格調較高，讓人感覺有點難以接近，為了讓顧客更輕鬆的享受日本酒的各種風味，與其坐著一面享受餐點，不如站著爽快地飲用。」（店長：千葉麻里江先生）

千葉小姐具有品酒師的資格，據說她每年會巡迴釀酒廠多次協助釀造作業。基於這層關係，她和各地釀酒廠也深入交流，每年各釀酒廠以「酛」為媒介在那裡交換資訊，或是舉辦讓喜愛日本酒的顧客和釀酒廠直接對話的交流會。

供應的酒類 · 銷售法
嚴選小型釀酒廠的酒
少量供應讓顧客享受更多美味

「酛」大約販售20家釀酒廠釀造的日本酒。一家廠約購入2～3種，店內常備60種。那些酒都保存在入口左側的冷藏櫃裡。

「因為本店很小，除了有名的釀酒廠外，本店販售更多300～500石（註：1石＝10立方尺）的小釀酒廠的商品。」（千葉小姐）

如上所述，「酛」陳售一般酒販店找不到的日本酒。由店長千葉小姐為顧客選酒。「我會視客人的喜好和酒販店的資訊來選酒。不只有講究的純米酒，我還會購買添加酒精的本釀造等美味的酒。」（千葉小姐）。

該店特製的玻璃容器，容量1杯約80cc。那樣的1杯售價350日圓起，價錢訂得非常便宜。比起只點1種酒的酒吧，在該店顧客能點多種酒，搭配料理一起享受日本酒的豐富個性風味，是該店極大的魅力吧。此外，熱酒時，該店是使用1合（＝180.39 mL）大小的獨特酒瓶。

料理的理念
以日本酒為主，
料理的作用是突顯日本酒

「本店主要是享受日本酒，所以料理的首要考量是突顯日本酒的風味。」（廚房主管：天野直生先生）

如上所述，考慮要和日本酒對味，該店料理的口味稍重一些，推出許多受矚目的獨特菜色。由於和多家釀酒廠合作，許多料理中都使用酒糟，這也是該店的特色。

該店屬於立飲風格，顧客會希望店家能迅速出餐。為了能夠迅速供餐，該店很重視事前準備，許多菜色都是熱騰騰地盛盤上桌。除了生的季節海鮮類之外，還有稍加作業就能上桌的珍味類和肉醬等。難以想像立飲BAR竟然提供如此豐富的菜色。

三珍味拼盤　　800日圓

拼盤中有三種珍味料理，麴醬油醃漬莫札瑞拉起司、香魚肉醬和特製醬汁醃鮭魚子。肉醬使用的魚，會依不同季節變換。「酛」也有許多女性顧客，盛裝在西式容器中感覺更高雅，外觀猶如法式或義式前菜般。三種料理的味道都很濃郁，雖然略鹹一些，不過能夠充分突顯日本酒的暢快風味。

酛的namerou　　650日圓

日本酒搭配新鮮海產，仍是無法取代的最佳組合。圖中的namerou是使用竹筴魚，不過該店會配合季節，改用小鰤魚或鮭魚等製作。通常namerou會以刀充分剁碎直到產生黏性，但「酛」的namerou，魚肉只切丁而不剁碎，和綜合味噌及調味料大致混合，能夠充分嚐到口感和鮮度。

馬鈴薯沙拉　　350日圓

「酛」的定番料理馬鈴薯沙拉，只使用少量美奶滋調拌。因為美奶滋的味道很鮮明，為了不破壞日本酒的風味，所以減少用量。料理的另一項特色是，馬鈴薯不用水煮，而是蒸熟後用橄欖油炒香。收到點單後，馬鈴薯還會再加熱，以熱的狀態供應。

海鮮淋土佐醋凍
700日圓

海帶醃魚、生魚片等，它是能享受到各式海鮮的拼盤料理。海鮮不使用醬油調味，而是淋上土佐醋凍，吃起來更爽口，是適合夏日的料理。海帶醃魚的酸味若太重，和日本酒的風味就會失衡，所以需適度斟酌不可醃漬過度。

特製酒糟烤培根　　**500日圓**

這道料理是將豬五花肉先用鹽水煮，放入酒糟中醃漬一天後再烤。用酒糟醃漬肉質會變軟，豬肉原本的鮮味也更濃縮，所以即使未經燻製也取名為「培根」。和一般的培根相比，它的風味更加清爽，香味也更柔和，因此很適合搭配日本酒。酒糟是使用從釀製廠購入的產品。

日本酒亭　阮

- ■ 地址／東京都新宿區新宿 5 - 17 - 11 白鳳ビルディング（building）地下 1F
- ■ 電話／03-6457-3288
- ■ 營業時間／15:00〜23:30（週六、週日、國定假日是12:00〜21:00，餐點L.O.20:00、飲料L.O.20:30）
- ■ 例休日／國定假日（國定假日不定期也營業）
- ■ 容納人數／15人　　■ 客單價／2500日圓

日本酒BAR 富成喜笑店

店主
舟木雅彥先生

特色
能夠輕鬆享受
高品質日本酒的人氣店

在東京三軒茶屋地區，以居酒屋店為首的餐飲店櫛比鱗次，一片熱鬧繁華。2012年1月27日，「富成喜笑店」在那裡開幕。

該店平常備有35種日本酒，讓顧客能輕鬆享用那些酒是店的風格特色，不管是熟諳日本酒的人或剛接觸的人，都非常喜愛它。搭配酒推出的特色料理也博得顧客一致好評。

該店主舟木雅彥先生，2009年起就在該地區開始經營起販售高CP值的葡萄酒和居酒屋料理的小店。當時葡萄酒人氣高漲，低價葡萄酒店如雨後春筍般冒出，因此第二家店他考慮採取其他的業態，於是開設了日本酒專賣店。

「近年來，日本酒的品質不斷提升，也常成為媒體的話題，當時我直覺認為今後大家會越來越注意到日本酒。」（舟木先生）

供應的酒類‧銷售法
常備35種酒，全部1杯500日圓。
也會配合酒的個性選用酒器

三軒茶屋地區有許多店都供應在地酒。在距離該店僅30m處，有一家在地酒的超級名店。

「日本酒的種類繁多，對於不了解該如何享用的人來說，會覺得入門的門檻很高。我希望能讓那些人輕鬆享受日本酒。作為賣酒人，我考慮以一枚銅板的價錢來販售。」（舟木先生）

「開幕當初，我本身沒什麼日本酒的知識，得到酒販店的幫助決定販售的酒款後，再依據客人的要求逐步調整，我很重視釀造或味道的平衡，最後才完成現在的產品內容。」

該店的日本酒1杯均一價500日圓。基本上都是120cc，但特別高價的酒款是90cc，以60cc的玻璃杯販售時會調整售價，以維持「1杯500日圓」的原則。

如上所述，該店常備35種日本酒。不同時期有時可能準備40種，但是會配合酒的風味以不同的酒器盛裝，這也是該店的特色。

「本店備有不同形狀和材質的酒器，以便讓顧客品嚐到酒不同的特性。例如葡萄酒杯或錫杯等。」（舟木先生）

該店的桌上放有保特瓶礦泉水，當作「醒酒水」，供顧客自由取用。

料理的理念
不拘泥於日式風味，
推出和酒「絕對」合味的料理

該店的料理主要是下酒菜。舟木先生在獨立開店前，曾在義大利料理店、創作料理店、壽司店和居酒屋等店工作，活用過去豐富的工作經驗，他不拘泥於「日本酒＝和」的既定觀念，推出各式原創料理。

「本店料理的主題是追求『這樣絕對合味』的味道。我會活用素材的原味，製作出和酒絕對合味的料理。本店注意使用季節食材，保留定番料理，不過其他料理會頻繁更新。」（舟木先生）

該店作為日本酒專賣店，雖然推出以當季鮮魚製作的生魚片料理，不過特別的是該店不使用芥末醬油，而是配合魚的味道直接調味，以一人份分別盛盤。用心的作法讓顧客直到最後一塊都能充分享受美味。

三道推薦前菜　980日圓

這道雖然是使用季節鮮魚製作的三料理拼盤，因為還加送
一道「附贈料理」，所以實際上是能吃到四道的超值生魚
片料理。圖中自右起分別是松原氏鱸魚、時鮭、紅甘和鰹
魚。考量到醬油小碟會使餐桌顯得雜亂，以及是當作下酒
菜，所以全部的生魚片都已事先調味。

馬鈴薯沙拉　500日圓

在盤中高高堆起地盛盤方式，讓人對這道
沙拉留下很深刻的印象。馬鈴薯和培根和
其他切大塊的材料混合，口感也令人難
忘。青芥末嗆鼻的清爽辣味和炸豬排醬汁
的酸味，最適合佐配日本酒。

馬司卡邦佃煮雜魚　380日圓

只將佃煮和馬司卡邦起司混合的簡單料理，佃
煮的甜味和魚的鮮味，與馬司卡邦起司高雅的
厚味極對味，意外成為適合搭配日本酒的創意
料理。佃煮是使用佃煮雜魚。馬司卡邦起司消
除了魚特有的腥味，變成風味清爽的珍饌。

栃尾油豆腐　　430日圓

栃尾的油豆腐是新潟長岡的名產，作為下酒菜
也極受歡迎。油豆腐單純烤過就能作為下酒
菜，不過加入芝麻味豐盈的蔥味噌燒烤，變得
更適合搭配日本酒。蔥味噌是使用長蔥的青蔥
製作，還能善用剩餘的食材。

美奶滋炸蝦！　　980日圓

這是一盤有4隻大草蝦，驚人份量引
人熱議的料理。炸物組合美奶滋讓人
覺得味道很重，但是為了搭配日本
酒，味道做得清淡些。麵衣的酥脆感
和蝦子的彈牙感，還能享受口感上不
同的變化。

日本酒BAR 富成喜笑店

- ■ 地址／東京都世田谷區三軒茶屋
  2-9-15 TCK 三軒茶屋ビル地下1F
- ■ 電話／03-5787-6302
- ■ 營業時間／18:00〜隔天2:00（L.O.
  隔天1:00、週日至隔天1時，L.O.
  24:00）
- ■ 例休日／不定休　■ 客席數／30席
- ■ 客單價／2800日圓

111

神田日本酒BAR 酒趣

（右）烹調長　鈴木　壽先生
（左）店長　福田健太郎先生

特色
在入夜後人煙稀少的地區，
仍有許多單身前來的女顧客的店

　　2012年4月開幕的「神田日本酒BAR　酒趣」，是一家風格輕鬆，讓人能充分享受日本酒和料理完美組合的店。

　　該店距離JR神田車站很近，但位於鬧區的反方向，入夜後人煙稀少的地區。幾乎所有來店的客人都是專程前來。而且，據說有許多女客都是隻身前來。

　　該店重視日本酒能和料理一起享用，主要供應醇酒和爽酒（註：日本酒依香味和味道分為薰酒、爽酒、熟酒和醇酒），共備有60種。

供應的酒類・銷售法
為了當作食中酒享受，
積極推薦「熱酒」

　　60種類別的日本酒中，定番酒出自四家釀酒廠，除此之外會每月更換一些容易飲用、香味濃的酒，如果賣光就換別的味道。

　　「大部分顧客會叫我幫他們點酒，不過不習慣喝日本酒的客人，我會建議他先喝「品酒組」。一組1000日圓，1杯40cc，能享受到三種味道截然不同的酒，我先了解客人喜歡哪種酒，以作為之後建議酒款的參考。」（店長：福田健太郎先生）

　　論杯計價的涼酒有70cc和110cc兩種，該店設定四種價格來反應各別的成本價，很方便顧客點單。

　　該店的另一大特色是積極地推薦熱酒。

　　「一面用餐，一面喝冷酒，酒過三巡後胃會覺得不消化。我希望顧客也能同時享受料理，所以比較推薦喝熱酒。」（福田先生）

　　裝在錫製熱酒容器中隔水加熱的熱酒，任何品牌都是1合880日圓。雖然加熱酒能裝在隔水加熱的容器中供應，不過那個容器只能裝140cc，所以酒加熱前會先取出40cc的冷酒，讓顧客能享受到冷和熱不同的風味。

料理的理念
搭配各式各樣的酒
以少量多樣的「酒肴八寸」為招牌

　　「我不拘泥日式或西式料理，也不被日本酒侷限。日本酒能搭配的料理其實範圍很廣，為了推出使用季節食材的美味料理，我會調整酒款。」（烹調長：鈴木壽先生）

　　主廚每天會前往筑地，一面察看當天採購的魚和蔬菜類，一面決定料理。該店也提供各式生魚片、定番料理或義式生牛肉等。

　　另外，該店還準備能慢慢品味日本酒的下酒小菜。小菜分別裝在小碟裡，再組合放在八寸大的大盤中的「酒肴八寸」（3道 700日圓、5道1000日圓），也深受顧客喜愛。

　　「本店以日式料理為主。由於能慢慢享用各式美味，尤其深受女顧客的歡迎。因為料理還隨附2道小菜，所以很多人只點「酒肴八寸」就感到滿足。」（鈴木先生）

酒肴八寸 五味拼盤 1000日圓

玉米豆腐　480日圓

這是用夏季玉米製作的下酒菜。玉米中加入葛粉後過濾，再以小火熬煮。最後淋上柴魚高湯凍，和青芥末一起享用。盛在有冰塊的容器中，能呈現夏季風情。濃稠的口感、玉米柔和的甜味及高湯的鮮味，能讓人再多喝一杯。

為了讓顧客享受豐富的酒品，該店將下酒菜盛在小盤中，再組合於八寸盤裡。料理的內容每天更換，與其他料理相比，主要是日式風味。每個小盤都量十足，考慮到味道與口感的平衡，備有「三味拼盤」和「五味拼盤」兩種組合。

神田日本酒BAR　**酒趣**

■地址／東京都千代田區神田紺屋町５矢野ビル1F
■URL／http://www.kanda-shushu.com
■電話／03-3254-3353
■營業時間／17:00～隔天1:30L.O.（週五至隔天
　3:00。週六至23:30、L.O.22:30）
■例休日／週日、國定假日　■客席數／16席
■客單價／4200日圓

湯霜海鰻　880日圓

它是用海鰻製作，從梅雨季至夏季的時令料理。最後淋上特製的梅肉。清淡的鮮味和梅肉清爽的酸味，即使在炎炎夏日，也能讓人胃口大開。圖中採取湯霜法烹調，該店也有推出燒霜海鰻。（註：湯霜是食材用水汆燙或澆淋，使表面變熟，再冰鎮的烹調法；燒霜則是用火炙烤，使表面變熟，再冰鎮的作法）

本日生魚片
（萊姆風味紅金眼鯛生魚片）　880日圓

魚種視當天採購的內容決定，依不同季節，也可能用鰹魚或鯖魚等。圖中是使用金目鯛，清爽的萊姆酸味和蒔蘿的香味，更加突顯金目鯛濃郁的鮮味。富油脂的金目鯛，肉質中原本富含水分，稍微抹鹽後去除水分，使肉質更有彈性後再使用。

蜜漬無花果配冰淇淋
480日圓

該店有許多女顧客，因此平時常備有2～3種甜點。這是使用當季食材製作，減少甜味，深受顧客喜愛。使用梅雨季產出的日本產無花果，以葡萄酒和白砂糖簡單醃漬，再加上該店特製的冰淇淋，最後撒上重點風味的黑胡椒即完成。

麥酒屋 Lupulin

（右）主廚　**海老澤淳一**先生

（左）經營者　**西塚晃久**先生

特色
以優質生產者為號召，
主要供應手工啤酒

東京銀座6丁目地區白天為繁榮的商業區，到了夜晚瀰漫著小村落的氛圍。從一幢不起眼大樓後面的電梯登上三樓，就是2012年時開幕，主要販售國產啤酒的「麥酒屋 Lupulin」。

「現在，本店從開店營業到打烊都擠滿了客人。我們雖然是酒店，也需要有餐點料理，配合料理我決定以食中酒作為招牌酒，當時考慮從葡萄酒、日本酒和啤酒中選出一種為主。」（經營者：西塚晃久先生）

2011年日本核能事故以來，許多日產品都被其他國家禁止進口，西塚先生注意到日產手工啤酒。

「我去釀酒廠，驚訝地發現釀造師和我年紀差不多。我很感謝他們花了許多心血去釀製優良酒，像是用長野特產的蘋果來釀酒等。基於這樣的機緣，我決定以釀製啤酒為主等等優質酒生產者，作為本店訴求的亮點。」（西塚先生）

供應的酒類・銷售法
供應5種味道均衡日產樽生啤酒，
以固定的3種價格供應

「本店在料理上也很用心，顧慮到味道的均衡，我們不是以販售啤酒為主。」（西塚先生）

啤酒方面供應5種「本日樽生啤酒」，是從水果、IPA（印度淡啤酒；india pale ale）、黑系（黑啤酒等）、黃金系（黃金麥酒、皮爾森啤酒等）、白系、變種等之中，挑選個性不會太強的酒款。每種酒差不多一週便會賣完，若沒賣完也會改換別的口味。

「採購哪種品牌，有時是我拜訪釀酒廠試飲後決定，有時是和當地啤酒協會的酒屋討論後才決定，那些酒屋曾讓我參觀如何處理大量棘手的手工啤酒空桶。」（西塚先生）

該店採購的要點是啤酒新手也容易接受，同時又能滿足啤酒迷需求的酒。價格方面，任何品牌都是雙份900日圓、大杯1500日圓、試飲小杯700日圓。

依照當初的訴求，該店不只有販售啤酒，還有日產葡萄酒、日產威士忌、白蘭地和日本酒等。

料理的理念
下酒菜不拘泥於「定論」
也推出能享受蔬菜美味的料理

如前文所述，該店的訴求亮點聚焦在高品質的日本生產者上，不只挑選啤酒，該店對料理也很用心。在設計菜單上，發想的重點放在要和傳統啤酒屋有所區隔。

「例如有人認為魚類料理不適合作為啤酒的下酒菜，不過本店徹底推翻這樣的「定論」。這類料理我們也很用心烹調，將它們變成適合啤酒的美味下酒菜。」（主廚：海老澤淳一先生）

該店除了海鮮料理外，還推出豐富的蔬菜料理。他們積極採購用心農家所種的有機蔬菜，推出重視健康的女顧客感到滿足的大份蔬菜沙拉作為招牌料理。

這樣的下酒菜每盤只裝1～2人份的份量，這樣的作法也是該店的特色。

「我們的料理不用大盤盛裝，現在的客人都吃不完那樣的份量。我們希望顧客能夠多點幾道，享受各種口味的料理。」（海老澤先生）

據說經營者西塚先生之所以考慮在銀座開店，是因為他想讓更多的人了解「好東西」的價值。基於這樣的想法，該店用心推出優質啤酒和料理，這樣的作法贏得30歲代女性及年長者等廣大顧客層的支持。

章魚片拌紅蔥沙拉　　700日圓

許多啤酒下酒菜都很油膩，但這道料理中使用適合女性的大量蔬菜，健康感富魅力，是人氣頗高的一道料理。章魚和紅蔥雖然只是簡單地用白葡萄酒醋調味，但水煮章魚淡淡的鹹味和紅蔥的辣味，與啤酒的苦味超級對味。

涼拌生魩仔魚　　600日圓

魚不適合作為啤酒的下酒菜，有些人有這樣的「看法」，不過該店多花點工夫，就推出這道適合搭配啤酒的料理。因為醬油與啤酒不合味，所以魩仔魚中只撒入鹽和橄欖油。風味雖簡單，但這份簡單的滋味卻很適合搭配啤酒。顧客可放在法國短棍麵包上食用，也深受葡萄酒客的好評。魩仔魚在夏、秋盛產季推出，沒有魩仔魚時，改用生櫻花蝦取代。

卡普列茲風味
番茄草莓沙拉　　700日圓

草莓、小番茄等甜味水果和蔬菜，與可作為下酒菜的該店特製「酒糟起司醬」一起盛盤即完成。為了突顯草莓和番茄的甜味，以鹽和橄欖油醃漬後再使用。這是考慮到女性喜愛甜味下酒菜所研發出的新菜色。可使用各品種的小番茄製作。

Lupulin有機蔬菜沙拉
800日圓

使用耕作者用心栽培的有機蔬菜，完成這道豐盛又健康的沙拉料理。除了生蔬菜之外，還有烤過較易食用的蔬菜。蔬菜會隨季節變換。為了讓顧客享受豐富的蔬菜，調味汁中還運用葡萄柚的酸味使沙拉風味更清爽。

麥酒屋　Lupulin

- 地址／東京都中央區銀座6-7-7 浦野ビル3F
- URL／http://www.beer-lupulin.com/
- 電話／03-6228-5728
- 營業時間／17:00～24:00
- 例休日／無休　■客席數／18席
- 客單價／6000日圓

迷迭香風味烤山雞
1500日圓

這是作為主菜供應的料理。作法是以香草醃好的大山雞腿肉，直接以細火慢烤而成。皮面刻意烤焦一些，以散發香味。店家希望顧客能點份量感十足的沙拉，所以這道料理只是簡單的盛盤，不附配菜。肉質吃起來豐潤多汁、味道柔和。

啤酒 BAR BEER BAL DARK HORSE

（左）店主　**武分浩志**先生
（右）料理長　**內田健太郎**先生

特色
提供各地的手工啤酒，樸素的放鬆空間

　　2012年11月開幕的「BEER BAL DARK HORSE」，是關西少數幾家供應多種手工啤酒的鋼琴BAR。它位於BAR的激戰區大阪福島地區，地處略微偏僻有隱祕感的地下室。大約有95%的客人是專程為喝啤酒而來，開店當初女客比男客多，但男客逐漸增多，現在比例相當。

　　「本店自開幕起至第3個月左右，來店顧客數暫時停滯，但之後慢慢又增加許多新客。」（店主：武分浩志先生）。

　　該店比最初設想的更早獲得回頭客的青睞。

　　「日本人對於啤酒有強烈的既定觀念，大部分的人都只喝皮爾森這類啤酒。我想將職人親手製作的手工啤酒，當作文化傳承下去。看到客人漸漸喜歡上它們，我感到十分高興。」（武分先生）

　　由於顧客還不熟悉手工啤酒，該店接客時會清楚說明啤酒的特色等知識。

供應的酒類・銷售法
樽生7種、瓶裝啤酒30種，讓人享受多樣化啤酒

　　該店常備7種樽生手工啤酒。一般是直接向生產者訂購，有時親自造訪購買手工啤酒。該店有2種定番啤酒，其餘的隨時更換，所以酒款更新得很快。每次造訪都能看到各式各樣的新口味，成為該店的一大魅力。推出的啤酒以日本的手工啤酒為主，也有海外的產品。

　　「啤酒整體大約有85種風味，所以不論面對啤酒迷或剛接觸的人，我都能推薦適合的酒。」（武分先生）

　　設置在櫃台內的訂做啤酒桶所售的啤酒，1/2 pint（280 ml）800日圓、1 pint（560 ml）1100日圓。單購1 pint雖然很划算，不過很多人因為比賽喝酒，所以點1/2 pint的人也不少。

　　該店還備有比利時、德國、美國等世界各國的瓶裝啤酒共30～40種。讓顧客興味盎然的日本與外國同風格啤酒的喝酒比賽也成為一天的賣點。

料理的理念
重視划算感和滿足感。提供300日圓均一價的下酒菜

　　該店提供能輕鬆點單，300日圓均一價的下酒菜全部共12種，組合無菜單料理約6種，訂價1000日圓的超划算下酒菜拼盤也深獲好評。

　　「開幕時我決定提供300日圓的下酒菜，我不斷思考如何以那樣的價格提供高CP值的好料理。而且一人份料理也要讓顧客感到滿意。」（料理長：內田健太郎先生）

　　除了下酒菜以外，義大利料理出身的主廚還推出每天口味更新的義大利麵、披薩、蒜味料理和肉類料理等。該店也能提供婚禮後派對或一般聚會的服務，可供25人享用的宴會套餐一套定價3500日圓等。

鯷魚風味馬鈴薯沙拉
300日圓

在所有300日圓的下酒菜中,這是很受歡迎的一道料理。能突顯具柔和酸味的馬鈴薯沙拉的鯷魚醬是重點所在。用橄欖油稀釋醒魚醬,以調整出適當的鹹度。適合搭配美國淡啤酒(american pale ale)這類有苦味的啤酒。

特製辣味小黃瓜　　300日圓

小黃瓜採取蛇腹切,醃漬液較容易醃透,大約2、3個小時就能充分入味。醃漬液中混入少量tabasco辣醬,甜味和鮮味會比辣味更突出,讓人一吃上癮。許多客人都會打聽調味料的內容。因為味甜又清爽,適合配有香蕉香味的小麥啤酒(weizenbier)。

奶油煎杏鮑菇鯷魚
300日圓

杏鮑菇吸收奶油和鯷魚的風味,是一道挑人食欲的下酒菜。因為加了鯷魚,所以要先試試味道,以免太鹹。該店會常備鯷魚醬,也會應用在其他的菜色中。適合搭配的啤酒是風味圓潤的黃金麥酒(golden ale)。

BEER BAL DARK HORSE

- 地址／大阪府大阪市福島區福島8-8-3ランド
  マーク（land-mark）福島地下1F
- 電話／06-6131-6524
- 營業時間／18:00～隔天3:00
- 例休日／週一
- 客席數／46席
- 客單價／2000～2500日圓

炸洋芋＆炸魚片
900日圓

它是和啤酒超級速配的定番料理，是許多顧客的「首選」下酒菜。白肉魚裏上用該店也供應的黑啤酒調製成的麵衣後油炸。這樣顏色能炸得更漂亮，香味也更濃郁。它是和麥酒類啤酒或黑啤酒非常合味的炸物。

特產！香蒜濃湯　700日圓

在該店5道大蒜料理中，它是極受男性歡迎的料理。依每天不同的食材，除了菇類外，還可能加入包心菜和洋蔥。在剩餘的湯中加飯燉煮成義式燉飯，是老主顧才知道的特別服務。柔和的大蒜風味，和黃金麥酒非常合味。

（右）店主　**原田貴史**先生
（左）烹調長　**室橋裕之**先生

特色
備有接近90種的啤酒，位於樓上受年長客層歡迎的店

「beer bar BICKE」是以世界啤酒為號召的BAR。備有9種樽生啤酒，此外，還常備80種來自世界各國的瓶裝啤酒。

店內揉合了愛爾蘭酒吧和運動吧般的氣氛。櫃台也有座位，顧客能享受到散發悠閒感，可搭配各種啤酒的下酒菜，都是該店的魅力所在。

該店位於從東京吉祥寺的JR車站徒步約需6～7分鐘可達的大樓的3樓，自2006年開幕以來，深受20歲代後半至30歲代，以及年長顧客們的喜愛。最近女顧客也日益增加，備受廣大顧客層的注目。

供應的酒類・銷售法
準備樽生9種、瓶裝80種。依不同風味提供不同的杯子

該店除了9種樽生啤酒外，還提供日本的手工啤酒及外國品牌的啤酒。

「不同品牌的樽的大小不同，1樽差不多1週到10天的時間就會售完，賣光後為了換不同的口味，店裡會陸續換6種酒。本店也有很多常客，經常更換新口味的啤酒，他們才不會喝膩，開幕以來我們就一直持續更換，至今光是樽生就已經介紹了400～500種之多。」（店主：原田貴史先生）

瓶裝啤酒以歐洲和美洲產為主。開業當時約有50～60種，不過為了讓顧客有更多的選擇，據說目前已增加至80種。

「在挑選酒款方面，本店重視的是讓顧客容易了解，風味均衡的產品。因材料和釀造法的不同，啤酒有各式各樣的風味，我們會標出風味的類型，讓顧客一面看酒單，一面挑選，不過，因為有80種，對於不熟悉的客人，我會詢問對方喜歡什麼樣的味道後再推薦。」（原田先生）

該店的魅力不只是啤酒的種類很多，還會配合啤酒的個性和味道，提供不同的玻璃杯，讓顧客更愉快的享受。比利時啤酒每個品牌都有專用杯，除此之外的啤酒，該店也會準備專用杯。

「我們備有半量玻璃杯800個、品脫（pint glass）120～130個，不只瓶裝啤酒，就連樽生啤酒，也會根據不同的風味選用不同的杯子。」（原田先生）

料理的理念
重視和各種啤酒的「基本風味」對味的料理

該店的料理，由適合搭配啤酒的下酒菜和正式的料理構成。特別是下酒菜的菜色，該店很重視事前準備，為了和啤酒一起快速送出，大多準備簡單的料理。

該店有許多風味獨特的啤酒，所以也準備很多味道不亞於啤酒風味的簡單料理，像是起司、生火腿、特製燻製料理的拼盤等。同時也準備適合搭配啤酒的定番中的定審料理，諸如臘腸、炸物等。

「本店雖然主要供應啤酒，不過包含樽生將近有90種，每種都風格獨具，事實上製作料理時，我並不會特別在意啤酒。不過，我準備許多辣味、鹹味和美味的料理，這些都適合搭配具苦味和香味的啤酒。此外，酸味能壓過啤酒味，所以自製醃漬菜等料理時，我會刻意減少酸味。」（烹調長：室橋裕之先生）

與開業當初相比，最近女客明顯變多，因此該店現在也推出沙拉和甜點料理。同時，店內的黑板上還會寫上「推薦料理」，提供一些清爽不油膩的口味等，另外也會推出傳統啤酒屋不曾見過的料理。

特製泡菜拼盤 　580日圓

使用季節蔬菜，以調製的醃漬液醃漬。小黃
瓜、芹菜和胡蘿蔔是必加的蔬菜，再依不同季
節，加入甜椒、包心菜、洋蔥、義大利節瓜和
杏鮑菇等。醃出的泡菜酸味重，味道壓過啤
酒，所以讓泡菜稍鹹一點，再加入辣椒，以突
顯嗆辣風味。

特製燻製料理拼盤

680日圓

燻製料理和啤酒非常對味，該店常備有自製的
燻製料理。使用自製的燻製器，以櫻木來燻
製。除了鮭魚和培根等外，也用半熟蛋、雞腿
肉、砂肝等食材。這些燻製料理和燻製啤酒或
味道厚重的黑啤酒等尤其對味。

玉米餅佐莎莎醬
580日圓

搭配啤酒的辣味料理中,這是立刻能供應的料理。醬汁已事先備妥,是一道只需清炸玉米餅就能盛盤的快速料理。剛炸好的芳香氣味與簡單的風味,和皮爾森啤酒(pilsener)這類啤酒非常對味。

3種臘腸拼盤
1280日圓

在啤酒的下酒菜中,該店從專賣業者購入定番中的定番——臘腸。這個拼盤就是組合白臘腸(weisswurst)、辛辣的辣香腸(chorizo),以及在牛肉、豬肉中加入大蒜和黑胡椒等等的「紅臘腸(krakauer)」3種口味。尤其是其中的「紅臘腸」,2002年在德國的加工肉競賽中曾榮獲金牌獎。

beer bar BICKE

- ■地址／東京都武藏野市吉祥寺本町
  2-7-13-3F
- ■URL／http：//www.18.ocn.ne.jp/~bicke
- ■營電話／0422-21-8775
- ■營業時間／17:00～24:00（週六自15:00
  起。週日、國定假日是15:00～23:00）
- ■例休日／週三　■客席數／40席
- ■客單價／3000日圓

炸雞和馬鈴薯餅

630日圓

它是組合炸雞和馬鈴薯，搭配啤酒人氣很高的料理。活用市售的辣味炸雞和馬鈴薯餅，配上甜辣番茄醬，是該店才能享受到的獨特風味。這道也是炸好後就能盛盤迅速上桌的料理，深受顧客喜愛。

BAR
人氣店的料理
作法解說

正統風格的BAR

『TIO DANJO BAR』

蘑菇鐵板燒

【材料】

白蘑菇、橄欖油、鹽、白葡萄酒、大蒜、生火腿、巴西里、檸檬汁

【作法】

1. 白蘑菇去梗，菇傘裡側朝下放入平底鍋中，用油香煎至上色。
2. 翻面，在菇傘裡側撒鹽，煎至滲出水分。
3. 在其他鍋裡放入切末的大蒜和生火腿拌炒，散出香味後，放上②的菇傘。
4. 蘑菇熟透後，整體灑上白葡萄酒增加香味。
5. 連湯汁一起盛入容器中，擠入檸檬汁，撒上荷蘭芹，插上2根牙籤。

油漬紅椒

【材料】

紅椒（彩色甜椒）、E.X.V.橄欖油（extra vergine di oliva）、鹽、大蒜、檸檬汁

【作法】

1. 在整顆紅椒撒上橄欖油和鹽，用烤箱烤軟。烤好後去皮，剔除蒂和種子，切碎。
2. 在平底鍋加熱橄欖油和蒜片，直到散出香味。熄火後擠上檸檬汁，加入E.X.V.橄欖油。
3. 在②中加入紅椒，放入冷藏庫醃漬2～3小時。

橄欖拼盤

【材料】

綠橄欖（有核）、黑橄欖（有核、加酸豆果的共2種）、醃漬液（白葡萄酒醋（sherry vinegar）、E.X.V橄欖油、洋蔥、大蒜、茴香、百里香、月桂葉、奧勒岡粉、鷹爪辣椒、紅辣椒粉（pimenton）、荷蘭芹）

【作法】

1. 瓶裝橄欖用網篩濾掉醃汁，用水漂洗。
2. 將醃漬液的所有材料混合，盛入容器中，放入過濾好的①醃漬一天。
3. 收到點單後，才取出橄欖盛入容器中。

馬德里風味燉牛肚

【材料】

牛蜂巢胃、橄欖油、大蒜、紅辣椒（pimenton）、卡宴辣椒粉（cayenne pepper）、麵粉、紅葡萄酒、仔牛蔬菜高湯、水煮番茄、雞高湯、月桂葉、丁香、西班牙辣香腸（chorizo）、鷹嘴豆（garbanzo）、鹽、胡椒

【作法】

1. 牛蜂巢胃切成一口大小，用水漂洗後，放入加醋的沸水中汆燙，瀝除水分備用。
2. 在平底鍋中放入①，放入鹽、紅辣椒、卡宴辣椒粉和麵粉。
3. 整體混勻後，加入紅葡萄酒煮乾湯汁。
4. 加入份量大約能蓋過蜂巢胃的仔牛蔬菜高湯、水煮番茄和雞高湯，再加入月桂葉和丁香燉煮5小時。
5. 在④中加入鷹嘴豆、切碎的西班牙辣香腸燉煮一下，加鹽和胡椒調味。

辣味茄汁炸洋芋

【材料】

馬鈴薯（冷凍）、鹽、brava醬汁（番茄醬、白葡萄酒醋、tabasco辣醬）、蒜油醬汁、荷蘭芹

【作法】

1. 馬鈴薯清炸，加鹽調味。
2. 將brava醬汁的所有材料混合，再混入蒜油醬汁。
3. 在①的馬鈴薯中加入②拌勻，盛入容器中。最後，撒上荷蘭芹末。

『spanish bar BANDA』

CAVA醃牡蠣

【材料】

E.X.V.橄欖油、生薑、芫荽（香菜）、杜松子、芫荽籽、岩牡蠣、萊姆皮、cava（西班牙風氣泡酒）

【作法】

1. 在E.X.V.橄欖油中混入生薑、芫荽、杜松子和芫荽籽備用。
2. 在容器中裝入生的岩牡蠣，淋上①，撒上磨碎的萊姆皮，上桌後在顧客面前倒入CAVA酒。

鹽烤鬚赤蝦

【材料】

鬚赤蝦（Metapenaeopsis BARbata，台灣俗名：火燒蝦）、給宏德（Guerande）鹽之花、月桂葉、荷蘭芹、芫荽、大茴香、杜松子、黑胡椒、生薑、萊姆皮

【作法】

1. 在給宏德鹽之花中，混入月桂葉、荷蘭芹、芫荽、大茴香、杜松子、黑胡椒、生薑和萊姆皮，製作香味鹽備用。
2. 在鬚赤蝦上塗上①，放入240～260℃的對流式烤箱中烘烤至半生的狀態後取出，盛入容器中。

伊比利豬舌和
飛鳥紅寶石草莓沙拉

【材料】

伊比利豬舌肉、鹽、胡椒、生薑、百里香、大蒜、飛鳥紅寶石（asukaruby）草莓、覆盆子醋、橄欖油、蜂蜜

【作法】

1. 伊比利豬舌肉加鹽和胡椒，和生薑、百里香、大蒜一起裝入袋中，抽除空氣讓袋中真空。放入69℃的對流式烤箱中，加熱12小時。
2. 在盤中盛入切好的①和去蒂的飛鳥紅寶石草莓。
3. 從上面均勻淋上覆盆子醋、橄欖油和蜂蜜混成的調味汁。

名產！火腿奶油可樂餅

【材料】

生火腿（硬肉和油脂）、奶油、麵粉、鮮奶、麵包粉、沙拉油、荷蘭芹

【作法】

1. 將生火腿的硬肉和油脂剁碎。
2. 在鍋裡煮融奶油，加入麵粉拌炒，注意別炒焦，倒入鮮奶一面加熱，一面混合，製作白醬。
3. ②煮好後，加入①混合，稍涼後放入冷藏庫一天。
4. 從③中取出一個個份揉圓，沾上麵包粉，用沙拉油油炸。盛入容器中，撒上切碎的荷蘭芹。

馬德里風燉牛雜

【材料】

牛蜂巢胃、牛小腸、番茄罐頭（整顆）、洋蔥、胡蘿蔔、芹菜、月桂葉、鷹嘴豆（又名雪蓮子）、西班牙辣香腸、大蒜、生火腿、荷蘭芹

【作法】

1. 蜂巢胃和牛小腸用熱水煮沸後換水，共煮3次，切成易入口大小。
2. 在鍋裡熱油，拌炒切碎的洋蔥、胡蘿蔔和芹菜。炒到散出香味變軟後，加入整顆番茄，加入月桂葉燉煮，製作番茄醬。
3. 在其他鍋裡放入①、②、泡水回軟的鷹嘴豆、西班牙辣香腸、大蒜和煮生火腿的高湯，約燉煮3小時。
4. 在砂鍋中加入③，開火煮沸，撒上荷蘭芹。

『BAR MAQUÓ』

油醋漬真鯛

【材料】

真鯛、鹽、砂糖、白葡萄酒醋、蘋果酒醋、橄欖油、沙拉油、大蒜、番茄醬（番茄、洋蔥、大蒜、月桂葉）醃蔬菜（番茄、青椒、紅椒，紅蔥、洋蔥、蘋果酒醋、鹽、白胡椒、砂糖、葵花油）、吐司、巴薩米克醋、馬爾頓天然海鹽（maldon sea salt）、細香蔥

【作法】

1. 真鯛分切成三片，撒上鹽和砂糖，約醃3小時備用。
2. 將①用冰水清洗，洗去表面的鹽和砂糖。
3. 將②用蘋果酒醋和白葡萄酒醋的混合醃漬液醃漬一晚。
4. 將③濾掉醃漬液，切成一口大小，加橄欖油、切片大蒜一起醃漬。
5. 製作番茄醬。在鍋裡加熱橄欖油和切末的大蒜，再放入切末的洋蔥拌炒，加入切大塊的番茄和月桂葉煮乾湯汁備用。
6. 製作醃蔬菜。用蘋果酒醋、鹽、胡椒、砂糖和葵花油製作調味汁，加入切碎的材料調味。
7. 切成一口大小的吐司烤過，依序疊上⑤的番茄醬、⑥的醃蔬菜和④的真鯛，盛入容器中，淋上巴薩米克醋和橄欖油，撒上馬爾頓天然海鹽和切碎的細香蔥。

比斯開醬汁佐鑲餡紅椒

【材料】

水煮紅椒（piquillo）、鹽漬鱈魚、洋蔥、青椒、大蒜、蝦、乾紅椒醬、馬鈴薯、白醬、蛋、醬汁（洋蔥、蝦殼、番茄、白蘭地、辣椒粉、麵粉、月桂葉、

乾紅椒醬、鮮奶油、鹽）橄欖油、義大利荷蘭芹

【作法】

1. 鹽漬鱈魚汆燙後弄碎。蛋用加鹽的水煮白煮蛋備用。

2. 在鍋裡加熱洋蔥片和橄欖油，加入青椒片。再放入切末的大蒜，加入①的鹽漬鱈魚和蝦拌炒。

3. 在②中，放入水煮熟已碾碎的馬鈴薯和白醬混合，加入乾紅椒醬、①的切末水煮蛋混煮後，加鹽調味。

4. 將③用食物調理機攪打變細滑，加入麵包粉調整硬度，填入已去皮、蒂和種子的紅椒中。

5. 製作醬汁。在鍋裡加熱橄欖油，拌炒洋蔥。加入蝦殼和番茄，用白蘭地酒酒燒（flambe）後，加入辣椒粉、麵粉和月桂葉混合，整體熟透後，加水煮30分鐘收乾湯汁。

6. 將⑤過濾，加入乾紅椒醬混合，加鮮奶油和鹽調味。

7. 在容器中放入④，淋上⑥的醬汁。撒上橄欖油、切碎的義大利荷蘭芹和辣椒粉。

蘑菇串

【材料】

蘑菇、大蒜、橄欖油、生火腿、鷹爪辣椒、白葡萄酒、檸檬汁、白葡萄酒醋、鹽、白胡椒、法國短棍麵包、義大利荷蘭芹

【作法】

1. 蘑菇擦拭乾淨，剪掉根部硬梗備用。

2. 在平底鍋中加入橄欖油和①的蘑菇加熱，加入白葡萄酒、檸檬汁和白葡萄酒醋混拌一下。

3. 在鍋裡加入橄欖油、切末的大蒜，再加切末的生火腿和鷹爪辣椒。加入②，加鹽、白胡椒和水燉煮。

4. 取出③的蘑菇，用竹籤插成串，刺上切厚片的法國短棍麵包，盛入容器中。均勻淋上③的煮汁，撒上切碎的義大利荷蘭芹、鹽和白胡椒。

羊肉丸

【材料】

羊絞肉、洋蔥、大蒜、迷迭香、鼠尾草、丁香（粉末）、法國短棍麵包、蛋、鹽、黑胡椒、肉荳蔻、洋蔥、番茄、月桂葉、橄欖油、生火腿、白葡萄酒、紅椒、青椒、乾紅椒醬、雪莉酒、黑胡椒、義大利荷蘭芹

【作法】

1. 在鋼盆中放入羊絞肉、洋蔥末、大蒜末、切碎的

迷迭香、鼠尾草、百里香、丁香和肉荳蔻攪拌混合，放入法國短棍麵包碾成的麵包粉、打散的蛋汁，撒上鹽和黑胡椒充分攪拌混合，揉成丸子狀。

2. 在鍋裡加熱橄欖油，拌炒洋蔥片，加入切大塊的番茄，加入月桂葉，拌炒到番茄軟爛，加入切碎的生火腿再拌炒一下。

3. 將①的肉丸表面烤一下，加入②中，加入白葡萄酒、水、切丁的紅椒和青椒、乾紅椒醬燉煮。

4. 最後，加入酒精已煮揮發的雪莉酒以增加香味，盛入容器中，撒上黑胡椒和切碎的義大利荷蘭芹。

冷製西班牙風燉蔬菜

【材料】

洋蔥、橄欖油、月桂葉、茄子、義大利節瓜、番茄、彩色甜椒、百里香、白葡萄酒醋、鹽、生火腿、義大利荷蘭芹、松子、蛋、法國短棍麵包

【作法】

1. 洋蔥切月牙片，茄子去皮亂刀切塊，義大利節瓜切成1cm厚，撒鹽，擦除水分。

2. 在鍋裡加熱橄欖油，拌炒洋蔥，加入大蒜末，加入茄子和義大利節瓜再炒一下。加入以熱水去皮切大塊的番茄後，整個放入烤箱烤熟。

3. 在②中加入彩色甜椒和百里香，再烤一下，加鹽調味，最後加入白葡萄酒醋弄涼備用。

4. 盛入容器中，放上半熟已加熱的蛋，撒上切碎的義大利荷蘭芹、切末的生火腿和松子。另用容器盛裝法國短棍麵包一起上桌。

『魚河岸BAR 築地 TAMATOMI』

蒜味煎貝

【材料】

海扇貝（煮熟）、鹽、黑胡椒、麵粉、橄欖油、洋蔥、大蒜、辣椒、檸檬、白葡萄酒醋、義大利荷蘭芹

【作法】

1. 海扇貝撒鹽和黑胡椒，表面撒上麵粉，放入已加熱橄欖油的平底鍋中，表面稍微煎出焦色。

2. 在別的平底鍋中，放入橄欖油、切末的大蒜和辣椒，開火加熱，香味散出後加入洋蔥片，拌炒煮軟，注意別煮焦。

3. 在②中加入①的海扇貝，加入少量磨碎的檸檬皮和白葡萄酒醋炒勻，加鹽和黑胡椒調味，盛入容器中，撒上義大利荷蘭芹末。

香草白腹鯖

【材料】

白腹鯖、鹽、黑胡椒、麵粉、大蒜、橄欖油、百里香、鼠尾草、迷迭香、白葡萄酒、檸檬汁、義大利荷蘭芹

【作法】

1. 白腹鯖以手將魚肉分三片，去中骨洗淨，擦乾水分。
2. 在①中加鹽和黑胡椒，皮面拍上麵粉。
3. 平底鍋中加熱橄欖油，切末大蒜，散出香味後，從皮面煎②的白腹鯖，熟透後，撒上切末的百里香、鼠尾草和迷迭香。
4. 將③翻面，淋入白葡萄酒，酒精蒸發後淋上檸檬汁，盛入容器中，撒上切碎的義大利荷蘭芹。

香草煎三線雞魚

【材料】

三線雞魚（Parapristipoma trilineatum）、鹽、黑胡椒、橄欖油、大蒜、迷迭香、白葡萄酒、檸檬汁、義大利荷蘭芹

【作法】

1. 三線雞魚撒上鹽和黑胡椒，平底鍋中加熱橄欖油和大蒜末，魚的皮面朝下放入鍋中香煎。
2. 加入迷迭香，魚肉熟透後翻面，加入白葡萄酒，待酒精揮發後淋上檸檬汁，盛入容器中。撒上義大利荷蘭芹末，放上檸檬。

義式生大瀧六線魚片

【材料】

大瀧六線魚（Hexagrammos otakii）、鹽、黑胡椒、檸檬、橄欖油、萬能蔥（註：「萬能」為青蔥的品牌名）、義大利風荷蘭芹

【作法】

1. 大瀧六線魚切薄片，排入盤中。
2. 撒上鹽、黑胡椒、檸檬汁、橄欖油、切蔥花的萬能蔥和切碎的義大利荷蘭芹。

蒜味魩仔魚

【材料】

魩仔魚（煮熟）、橄欖油、大蒜、羅勒、辣椒

【作法】

1. 在鍋裡放入橄欖油、切末的大蒜、切碎的羅勒和辣椒加熱，散出香味後，加入魩仔魚。

2. 煮熟後盛入容器中。

『（食）飲食平台（mashika）』

鯖魚生壽司

【材料】

鯖魚、鹽、米醋、蘋果、洋蔥、酸豆、橄欖油、紅葡萄酒醋、大蒜、和風綜合嫩蔬菜

【作法】

1. 鯖魚分切三片，撒鹽，靜置1小時後取出，剔除腹骨和魚皮。用米醋浸漬約30分鐘後取出。
2. 將蘋果、洋蔥、酸豆、橄欖油、紅葡萄酒醋和大蒜放入果汁機中攪打成醬汁。
3. 將①切片盛入容器中，放上②，裝飾上和風嫩蔬菜。

脆口海蜇沙拉

【材料】

芥菜、紅葉苗苣、萵苣、葉用恭菜（Beta vulgaris var. cicla）、紅芽菊苣、彩色甜椒（紅、黃）、洋蔥、海蜇、生薑、大蒜、白芝麻、麻油、酒、醬油、醋、小番茄

【作法】

1. 將芥菜、紅葉苗苣、萵苣、葉用恭菜和紅芽菊苣分別撕成好食用大小。紅、黃椒去蒂和種子，和洋蔥一起切絲。切碎的海蜇和蔬菜混合備用。
2. 將洋蔥、生薑、大蒜、白芝麻、麻油、酒、醬油和醋放入果汁機中攪打，製成調味汁。
3. 用②調拌①後，盛入容器中，再放入切半的小番茄。

塔塔醬佐新口味炸蝦

【材料】

蝦（去頭）、麵包粉、洋蔥、高筋麵粉、蛋汁、鹽、胡椒、青蔥、白煮蛋、酸豆、美奶滋、小番茄、紅葉苗苣、黑胡椒

【作法】

1. 蝦去殼，殼保留備用。
2. 將①的蝦殼用烤箱烤乾，用研磨機磨成細粉，再和麵包粉混合。
3. 將①的蝦肉切成適當的大小，為了有黏性，一部分細細剁碎。充分拌炒直到變成黃褐色，加入洋蔥、高筋麵粉、蛋汁、麵包粉、鹽和胡椒製成餡料。
4. 將③的餡料塑成長橢圓形，冷凍變硬，依序沾上

高筋麵粉、蛋汁和②，用油油炸。

5. 混合切碎的洋蔥、青蔥、白煮蛋、酸豆和美奶滋，製成塔塔醬。

6. 在盤上鋪上⑤，將④分切一半盛入。放上小番茄和紅葉苗苣，最後撒上黑胡椒。

燻製 mochi 豬肉派

【材料】

mochi豬的粗絞肉（註：「mochi」為豬肉品牌名）、鹽、黑胡椒、海藻糖（trehalose）、迷迭香、大蒜、開心果、豬背脂、鮮奶油、鮮奶、豬油、網脂、紅葉萵苣、小番茄、「akegarashi」（註：「akegarashi」為山一醬油舖生產的獨門調味料，以米麴、芥菜籽、大麻籽、生榨醬油、三溫糖等製作而成。）

【作法】

1. mochi豬的粗絞肉，用鹽、黑胡椒、海藻糖、迷迭香、大蒜醃漬後，以燻木冷燻。

2. 在①中加入開心果、背脂、鮮奶油、鮮奶和豬油，充分混合。

3. 在鋪入網脂的模型中放入②，用烤箱隔水以低溫加熱4小時。在常溫下冷卻後，放入冷藏庫一晚。

4. 將③切片，盛入已鋪紅葉苗苣的盤中，配上切半的小番茄和akegarashi，再撒上黑胡椒。

香草麵包粉炸油封下巴肉

【材料】

豬下巴肉、岩鹽、橄欖油、大蒜、迷迭香、黑胡椒、起司、低筋麵粉、蛋、起司粉、荷蘭芹、麵包粉、沙拉油、芥末醬、檸檬、和風綜合嫩蔬菜、E.X.V.橄欖油

【作法】

1. 在豬下巴肉上撒岩鹽，靜置1小時出水後再加鹽，擦除釋出的水分。

2. 將①用橄欖油、大蒜、迷迭香、黑胡椒覆蓋醃漬，放入烤箱中，以100℃油封烘烤4小時。

3. 在②的豬下巴肉氣管中塞入起司，塗上低筋麵粉、蛋、起司粉、迷迭香和荷蘭芹混成的麵包粉。以沙拉油油炸。

4. 切片盛入容器中，加上芥末醬、檸檬和和風綜合嫩蔬菜。撒上橄欖油和黑胡椒。

『 Italian Bar cuore forte 』

前菜拼盤

● 章魚芹菜馬鈴薯沙拉

【材料】

章魚、芹菜、馬鈴薯、鹽、檸檬汁、白葡萄酒醋、橄欖油、義大利荷蘭芹

【作法】

1. 章魚用水汆燙後，用冰水冷卻，瀝除水分後切薄片。

2. 芹菜撕除硬莖，切粗絲，馬鈴薯水煮去皮，亂刀切塊。

3. 在鋼盆中調拌①、②，試味後加鹽，加檸檬汁、白葡萄酒醋和橄欖油調拌。

4. 盛入容器中，撒上切碎的義大利荷蘭芹。

● 羅馬風味臘腸

【材料】

豬頸肉、豬腳、豬頰肉、豬耳、豬舌、洋蔥、芹菜、大蒜、月桂葉、黑胡椒粒、白葡萄酒、鹽、巴薩米克醋

【作法】

1. 豬肉各部位清除髒污和毛等備用。

2. 在鍋裡放入①和水煮沸後，用網篩撈起，用流水清洗表面。

3. 再次放回鍋中，加水，一面煮到變軟，一面撈除浮沫雜質。

4. 在③中加入切好的洋蔥、芹菜、大蒜、月桂葉、黑胡椒、白葡萄酒和鹽燉煮。

5. 取出煮軟的肉類，豬舌去皮，豬腳肉弄散，剔除小骨和爪。其他的肉類也要切成適當的大小。

6. 在肉派模型中放入⑤，一面以網篩過濾煮肉的湯汁，一面盛入模型中，讓湯汁覆蓋⑤。

7. 在淺鋼盤中盛入冰水，放入⑥冷卻，稍微變涼後，放入冷藏庫中冷卻變硬。

8. 分切後盛入容器中，淋上熬煮好的巴薩米克醋醬汁。

● 風乾牛肉

【材料】

牛臀肉、鹽、紅葡萄酒

【作法】

1. 在淺鋼盤中鋪入鹽，放上牛肉撒上大量的鹽，約鹽漬2天。

2. 將①水洗，徹底擦除水氣後放入容器中，倒入紅

葡萄酒，再醃漬1～2天。

3.將②取出，擦乾，切薄片盛入容器中。

● 提亞拉派（tiella）

【材料】

馬鈴薯、番茄、米、蛤仔、淡菜、白葡萄酒、橄欖油、香草麵包粉、帕瑪森起司（Parmigiano-Reggiano）、義大利荷蘭芹

【作法】

1.淡菜和蛤仔放入已加熱橄欖油的鍋裡，加入白葡萄酒加熱至殼打開，熄火取出。從殼中取肉備用。湯汁也保留備用。

2.馬鈴薯、番茄切厚片備用。

3.在耐熱容器中，疊入②的馬鈴薯、番茄、米、①的貝肉和香草麵包粉，以相同的順序重覆鋪上去。

4.在③中淋上①保留的湯汁，蓋上鋁箔紙用烤箱加熱。

5.稍微變涼後，放入冷藏庫中冰涼，分切放入容器中。撒上磨碎的帕瑪森起司和切絲的義大利荷蘭芹。

● 布切塔（bruschetta）

【材料】

生火腿、菇類（蘑菇、香菇等）、橄欖油、大蒜、鹽、白葡萄酒、法國短棍麵包

【作法】

1.生火腿切末，和切末的大蒜一起放入已加熱橄欖油的鍋裡炒熟。

2.在①中加入切末的菇類，撒鹽後燉煮收乾湯汁。

3.加入白葡萄酒續煮，煮到湯汁收乾即熄火，待涼備用。

4.切片的法國短棍麵包片上，塗上③，放入容器中。

● 醃沙丁魚

【材料】

沙丁魚、鹽、白葡萄酒醋、檸檬汁、E.X.V.橄欖油

【作法】

1.沙丁魚去頭，用手分開，剔除魚骨和內臟，用水清洗乾淨，充分擦乾水氣。

2.在淺鋼盤中排入①，撒上鹽、水和白葡萄酒醋，淋上檸檬汁放置半天。

3.在容器中倒入②的湯汁，淋上E.X.V.橄欖油。

● 蔬菜舒芙蕾（sformato）

【材料】

茄子、鮮奶油、鹽、胡椒、醃沙丁魚（參照上文）

【作法】

1.茄子用網架燒烤，去皮，加入鮮奶油、鹽和胡椒，放入食物調理機中攪拌。

2.將①放入耐熱容器中，放入烤箱中隔水烘烤。烤好後待涼備用。

3.在中空圈模的內側貼上沙丁魚，填入②，拿掉模型盛入容器中。

※在盤中盛入7種前菜，撒上切碎的義大利荷蘭芹，再塗上橄欖油。

特製山雞火腿沙拉

【材料】

大山雞胸肉、鹽、白胡椒、馬鬱蘭（marjoram）、大蒜、胡蘿蔔、白巴薩米克醋、橄欖油、帕達諾起司（grana padano）

【作法】

1.雞胸肉剔除筋膜、油脂和皮，撒鹽和白胡椒，和馬鬱蘭、大蒜一起放入耐熱的密封袋中，放入冷藏庫一晚。

2.隔天，儘量抽除①裡的空氣，封口，將袋子直接放入55℃的熱水中，保持溫度加熱1小時。

3.1小時後從熱水中取出，從袋中取出後讓它稍微放涼，放入冷藏庫中備用。

4.胡蘿蔔切絲，撒鹽，擠除水分，調拌白巴米克醋和橄欖油後醃漬。

5.將③切薄片，和④一起盛入盤中，撒上磨碎的帕達諾起司，淋上橄欖油。

炸海苔丸（zeppoline）

【材料】

麵粉、鹽、水、乾酵母、岩海苔、沙拉油

【作法】

1.在水中溶化乾酵母備用。

2.在麵粉中加入①、鹽和岩海苔，充分混合，放入密閉容器中讓它發酵。

3.用湯匙舀取②，用2根湯匙塑型後，用沙拉油油炸。

4.炸好後濾除油，盛入容器中。

波爾凱塔（porchetta）豬肉捲

【材料】

豬五花肉、大蒜、鹽、胡椒、新鮮香草（鼠尾草、百里香、馬鬱蘭、迷迭香、義大利荷蘭芹）、高筋麵粉、橄欖油、搭配用蔬菜、芥末醬

【作法】

1. 在豬五花肉的表面撒上鹽和胡椒，大蒜切末，放上新鮮香草末捲成圓筒狀，用釣魚線綁好後放入冷藏庫中一晚。
2. 取出①，放入100℃的烤箱中約烤5小時。烤好後放涼備用。
3. 收到點單後切片，沾上高筋麵粉，放入已加熱橄欖油的平底鍋中煎至上色。
4. 盛入容器中，佐配上蔬菜和芥末醬。

黑胡椒燉牛里肌

【材料】

牛肩里肌肉、胡蘿蔔、洋蔥、芹菜、橄欖油、鹽、胡椒、迷迭香、紅葡萄酒、黑胡椒、馬鈴薯泥、義大利荷蘭芹

【作法】

1. 胡蘿蔔、洋蔥、芹菜切末，放入已加熱橄欖油的鍋中慢慢地拌炒。
2. 在已加熱橄欖油的平底鍋中，放入牛肉將表面煎一下，加鹽、胡椒調味。
3. 在①的鍋裡加入②，加入迷迭香、紅葡萄酒和整顆完整的黑胡椒，約燉煮2小時，加鹽調味。
4. 在容器中呈圓形鋪入馬鈴薯泥，放上③，淋上煮汁，放上撕碎的義大利荷蘭芹。

『OSTERIA BARABABAO』

鱈魚乾醬

【材料】

鱈魚乾、鮮奶、鹽、義式玉米糕（polenta，攪拌凝固，用網架烤出焦痕）、E.X.V.橄欖油

【作法】

1. 鱈魚乾泡水回軟備用。
2. 用鮮奶煮鱈魚乾，去除腥味，取出。
3. 弄散魚肉，加鹽調味，一面加油，一面混成糊狀。
4. 在切好的義式玉米糕上放上鱈魚乾，從上面均勻淋上E.X.V.橄欖油。

朝鮮薊

【材料】

朝鮮薊、檸檬汁、橄欖油、大蒜、鹽

【作法】

1. 朝鮮薊清理乾淨備用。
2. 將水、橄欖油、輕壓碎的整顆大蒜，混合檸檬汁後放入①中，加熱約煮30分鐘收乾湯汁，取出。

螺貝

【材料】

白螺貝、橄欖油、白葡萄酒、番茄乾、綠橄欖、洋蔥、大蒜

【作法】

1. 白螺貝洗淨，和剩餘的材料一起放入鍋中煮軟即完成。

烏賊沙拉

【材料】

擬目烏賊（Sepia lycidas）、砂糖、鹽、橄欖油、洋蔥、黑橄欖、番茄、葡萄乾、松子、E.X.V.橄欖油

【作法】

1. 在E.X.V.橄欖油中醃漬葡萄乾和松子一天。
2. 擬目烏賊用砂糖、鹽和橄欖油醃漬2小時，取出切片。
3. 將①、②和切片的黑橄欖、番茄混合。

義大利節瓜

【材料】

義大利節瓜、洋蔥、橄欖油、鹽、胡椒

【作法】

1. 將義大利節瓜和洋蔥切片。
2. 在平底鍋中放入橄欖油、節瓜和洋蔥，開火加熱拌炒。用鹽和胡椒調味。

綠豌豆

【材料】

義大利產豌豆、洋蔥、生火腿、橄欖油

【作法】

1. 在平底鍋中加熱橄欖油，加入切片洋蔥和生火腿，拌炒到散發出香味。
2. 在①中加入豌豆拌炒混合，讓味道融合。

白菜豆

【材料】

白菜豆乾、洋蔥、白葡萄酒、番茄醬、奧勒岡、鹽、胡椒

【作法】

1. 白菜豆乾用能蓋過的水量浸漬回軟，用網篩撈起瀝除水分備用。
2. 在平底鍋中加熱橄欖油，放入切片洋蔥拌炒。
3. 在②中放入豆子，加入白葡萄酒、番茄醬和奧勒岡熬煮，加鹽和胡椒調味。

彩椒

【材料】

彩椒（青、黃、紅3種）、鹽

【作法】

1. 青椒去蒂和種子，切成適當的大小，清炸後，用烤網烤出焦痕，撒點鹽即完成。

特製可樂餅

【材料】

混合絞肉（粗絞）、洋蔥、帕瑪森起司、番茄醬、麵包粉、鹽、胡椒

【作法】

1. 在混合絞肉中，加入切末洋蔥、帕瑪森起司、番茄醬和麵包粉，加鹽和胡椒調味。
2. 在揉成圓形的①上沾上麵包粉，用油油炸。

包餡烏賊

【材料】

小槍烏賊（身體和觸足）、洋蔥、麵包粉、蛋、鯷魚、酸豆、帕瑪森起司、鹽、胡椒、E.X.V.橄欖油

【作法】

1. 拔出槍烏賊觸足，切下內臟備用。
2. 將①的觸足和洋蔥末、酸豆、鯷魚一起拌炒。
3. 在②中加入麵包粉、起司和蛋，用果汁機攪打成糊狀。
4. 在①的槍烏賊身體中填入③，用牙籤封口，撒上鹽、胡椒和E.X.V.橄欖油後，用250℃的烤箱烤10分鐘。

南瓜

【材料】

南瓜、油醋醬汁（橄欖油、白葡萄酒醋、砂糖、大蒜、迷迭香）

【作法】

1. 南瓜切開，剔除裡面的瓜囊和種子，切成易食用的大小，清炸直到熟透。
2. 將油醋醬汁的所有材料放入鍋中煮沸後，放入①的南瓜煮到入味。

綜合菇

【材料】

真姬褶離傘（Lyophyllum shimeji）、鴻禧菇、杏鮑菇、舞茸、金針菇（依當天情況變換菇類）、大蒜、E.X.V.橄欖油、白葡萄酒、小番茄

【作法】

1. 切除菇類根部，分別切成易食用的大小備用。
2. 在平底鍋中放入E.X.V.橄欖油和切末的大蒜，開火加熱，散出香味後，放入菇類拌炒。
3. 加入白葡萄酒、切半的小番茄、奧勒岡和百里香，加鹽和胡椒調味。

『CAVO』

鮭魚派

【材料】

鮭魚片、冷高湯、奶油、優格、鹽、酸奶油、鮮奶油、搭配用生蔬菜、辣椒粉

【作法】

1. 鮭魚片切半，其中一片製作燻鮭魚。
2. ①的剩餘鮭魚切成適當的大小，用冷高湯煮熟。
3. ②稍微變涼後，切半，將一半放入食物調理機中，加入奶油、優格和鹽攪打成糊狀。
4. 在鋼盆中放入③的剩餘魚肉、①的燻鮭魚，大致弄散魚肉，放入③的糊狀材料混合。
5. 在肉派模型中填入④，勿讓空氣進入，用保鮮膜覆蓋表面，放入冷藏庫中保存。
6. 分切後盛入盤中，佐配酸奶油和鮮奶油混成的醬汁和蔬菜，最後撒上辣椒粉。

番茄酪梨沙拉

【材料】

番茄、彩色甜椒、洋蔥、酪梨、鹽、胡椒、美奶滋、帕梅善起司、萵苣、紅芽菊苣等、辣椒粉

【作法】

1. 酪梨切丁，加鹽、胡椒、美奶滋和磨碎洋蔥的汁液調拌。

2. 將番茄、彩色甜椒和洋蔥切丁，拌炒成泥狀，稍涼後放入冷藏庫中冰涼。和切丁的番茄混合，加鹽和胡椒調味。

3. 在中空圈模中依序放上①和②，放入容器中，拿掉模型，放上切薄片的起司。盛入搭配用蔬菜，撒上辣椒粉。

三味拼盤

● 鄉村風味肉派

【材料】

豬頸肉、豬肩里肌肉、波特酒、蛋、鹽、黑胡椒

【作法】

1. 豬頸肉和肩里肌肉切塊，放入波特酒中醃漬一晚。

2. 隔天瀝除湯汁，肉絞碎放入鋼盆中，加入全蛋、鹽和黑胡椒混合，填入肉派模型中。

3. 將②放入150℃的烤箱中，隔水烘烤約1小時後取出。稍涼後放入冷藏庫中保存。

● 里肌肉肉醬

【材料】

豬肩里肌肉、洋蔥、胡蘿蔔、芹菜、豬油、杜松子、鹽、胡椒、白葡萄酒、黑胡椒、醃黃瓜

【作法】

1. 豬肩里肌肉切塊，煙燻。

2. 在鍋裡加熱豬油，放入切片洋蔥，切成一口大小的胡蘿蔔、芹菜拌炒。

3. 整體炒軟後，放入①的肉和杜松子，加入白葡萄酒和豬油約燉煮3小時。

4. 用網篩撈出肉，分開肉和油脂。肉放在另一個鋼盆中，盆底浸冰水，一面搗碎，一面攪拌，變涼後拿掉冰水。肉碎爛後，一面慢慢加入少量的油脂，一面混合攪拌，混合到整體泛白變細滑後，加鹽和胡椒調味。填入容器中放入冷藏庫中保存。

● 雞肝慕斯

【材料】

雞肝、波特酒、奶油、鹽、黑胡椒、無花果

【作法】

1. 雞肝切成適當的大小，放入食物調理機中攪打，再一面加入波特酒和奶油，一面用食物調理機攪打變細滑，加鹽和胡椒調味。

2. 將①裝入耐熱容器中，隔水放入烤箱中烘烤。烤好後稍微放涼，放入冷藏庫保存。

※ 在容器中，盛入分切好的鄉村風味肉派、用湯匙舀取肉醬和雞肝慕斯。肉派和肉醬撒上黑胡椒，肉醬佐配醃黃瓜。在雞肝慕斯上放上無花果片。再佐配上撕碎的萵苣、紅芽菊苣和切片的法國短棍麵包。

干貝可麗餅

【材料】

蕎麥粉、鹽、水、蛋、韭蔥、白葡萄酒、奶油、鮮奶油、荷蘭芹奶油、干貝、起司、沙拉油、鹽、胡椒

【作法】

1. 蕎麥粉和鹽、蛋、水混合製作麵糊，放置一晚。

2. 韭蔥用奶油慢慢拌炒，加入白葡萄酒和鮮奶油燉煮，加鹽和胡椒調味。

3. 在平底鍋中加熱奶油，香煎干貝，加鹽和胡椒調味。用荷蘭芹奶油做裝飾。

4. 在平底鍋中薄塗沙拉油，倒入①抹成圓薄片。將②放在中央，撒上起司，放上干貝，麵糊煎好後，將邊緣四個地方往內摺，形成四角型。

古斯古斯

【材料】

胡蘿蔔、芹菜、洋蔥、彩色甜椒、義大利節瓜、整顆番茄、番茄、古斯古斯（couscous）用調和粉、水、仔羊肩肉、古斯古斯、哈里薩辣醬（harissa）、鹽、胡椒、橄欖油

【作法】

1. 蔬菜類切成一口大小，用橄欖油拌炒，加入整顆番茄燉煮，加鹽和胡椒調味。

2. 在鍋裡加熱橄欖油，放入仔羊肩肉表面煎至上色，加入番茄、水和古斯古斯用調和粉約燉煮5小時。

3. 在②中加入①稍燉煮，整鍋直接供應。在其他容器中，分別盛裝古斯古斯和哈里薩辣醬一起上桌。

『 PORTO BAR KNOT 』

醃漬瀨戶內海竹筴魚
普羅旺斯風番紅花凍

【材料】

紅椒、黃椒、洋蔥、義大利節瓜、茄子、大蒜、奇異果、黃芥末、白葡萄酒醋、橄欖油、鹽、胡椒、竹筴魚、蜂蜜、番紅花、月桂葉、小洋蔥、吉利

丁、小番茄、櫻桃蘿蔔、蒔蘿、紅紫蘇、百香果

【作法】

1. 將紅椒、黃椒、洋蔥、義大利節瓜和茄子分別切丁，和大蒜一起拌炒，放涼備用。和同樣切丁的奇異果混合，用黃芥末、白葡萄酒醋和橄欖油醃漬。
2. 竹筴魚分切三片、去骨，用鹽和胡椒醃漬一晚，用瓦斯噴槍燒烤皮面後切塊。
3. 用白葡萄酒醋、蜂蜜、番紅花、鹽、胡椒和月桂葉混合的醃漬液，製作醋漬小洋蔥。在相同的醃漬液中，加入吉利丁製成番紅花果凍。
4. 在容器中，放入①和切四方塊的②，上面放上③。裝飾上小番茄、櫻桃蘿蔔、蒔蘿和紅紫蘇，四角再倒上熬成泥狀的百香果。

播州紅穗土雞肉醬佐麵包

【材料】

播州紅穗土雞、大蒜、洋蔥、胡蘿蔔、芹菜、雞骨高湯、蘿蔔嬰、黑胡椒、法國短棍麵包

【作法】

1. 用平底鍋充分煎炒雞肉。
2. 暫時取出肉，用剩餘的油拌炒切成適當的大小的大蒜、洋蔥、胡蘿蔔和芹菜。
3. 在鍋裡放入②的蔬菜和取出的雞肉，加入雞骨熬成的高湯燉煮，再放入食物調理機中攪打製成肉醬。
4. 在容器中放入③放涼。提供時插上蘿蔔嬰，撒上黑胡椒，添加烤好的法國短棍麵包。

新味黑血腸（boudin noir）

【材料】

豬背脂、大蒜、洋蔥、荷蘭芹、豬血、鮮奶油、蘋果汁、薄餅皮（pate brick）、可可粉、肉桂粉、黑胡椒

【作法】

1. 豬背脂、切末的大蒜、洋蔥和荷蘭芹一起拌炒，加入豬血。加熱至58℃，倒入淺鋼盤中，冷藏讓它凝固。加入鮮奶油，用果汁機攪打變細滑。
2. 蘋果汁稍微加熱，加入吉利丁冷藏讓它凝固。
3. 在薄餅皮上撒上可可粉和肉桂粉，放入烤箱烘烤。
4. 在容器中用湯匙盛入①，用湯匙舀取弄碎的②放在中央，加上插在木座上的③。在周圍撒上黑胡椒。

非魚湯的燉煮本日鮮魚（acqua pazza）

【材料】

平軸、鹽、胡椒、蛤仔、番茄、白葡萄酒、橄欖、酸豆、石狗公、大蒜、胡蘿蔔、芹菜、洋蔥、魚高湯、蛤仔高湯、番茄、荷蘭芹、橄欖油、蒔蘿

【作法】

1. 平軸撒鹽和胡椒，用已熱油的平底鍋將兩面充分煎焦，再用烤箱烘烤。
2. 在平底鍋中放入蛤仔、番茄和白葡萄酒加熱，蛤仔口打開後，加入橄欖和酸豆。
3. 拌炒石狗公、切成適當大小的大蒜、胡蘿蔔、芹菜和洋蔥。加入魚高湯、蛤仔高湯和切成適當的大小的番茄燉煮，再過濾製成醬汁。
4. 在容器中盛入①，周圍盛入②，淋上③的醬汁。用果汁機攪打荷蘭芹和橄欖油，只取上層清澄的油淋在料理上。再撒上蒔蘿。

優格香料醃漬仔羊小排
佐烤番茄和哈里薩辣醬

【材料】

帶骨仔羊肉、黃芥末、優格、孜然，芫荽、克蘭瑪薩朗（garam masala）、月桂葉、洋蔥、紅椒、薄荷、番茄、檸檬汁、大蒜、番茄罐頭、綜合蔬菜嫩葉

【作法】

1. 帶骨仔羊肉用黃芥末、優格、孜然、芫荽、克蘭瑪薩朗和月桂葉混合成的醃料，醃漬3、4天。用備長炭燒烤。
2. 將洋蔥、紅椒、芫荽、薄荷燜煎變軟後，用果汁機攪打製作哈里薩辣醬。
3. 在容器中盛入①，佐配上②。裝飾上切片、用平底鍋煎好的番茄，以及用優格、黃芥末和檸檬汁製作的優格醬汁、洋蔥、大蒜、番茄罐頭熬煮成的番茄醬汁。最後再裝飾上綜合蔬菜嫩葉。

『富士屋本店 GRILL BAR』

海膽布丁

【材料】

海膽、和風高湯、鮮奶油、蛋黃、新洋蔥（註：剛上市的洋蔥）、蠶豆、鹽、胡椒、烏魚子、蒔蘿

【作法】

1. 海膽取出膏狀物，加入和風高湯，用食物調理機攪打，加入鮮奶油、蛋黃後再混合。
2. 將①用網篩過濾後放入杯中，蒸熟，放涼備用。

3. 新洋蔥去薄皮，撒鹽和胡椒，用鋁箔紙包起來，直接用火烤。剔除烤焦的部分，用果汁機攪打。
4. 在②中倒入③，放上生海膽、水煮蠶豆，淋上烏魚子粉，最後裝飾上蒔蘿。

雞肝慕斯

【材料】
雞肝、洋蔥、馬沙拉酒（marsala）、鮮奶油、吉利丁、炒油、鹽、黑胡椒、荷蘭芹、甜筒杯

【作法】
1. 在已熱油的平底鍋中拌炒洋蔥，散出香味後，加入雞肝拌炒。
2. 加入馬沙拉酒增添香味，加鹽和胡椒調味。
3. 過濾，加入鮮奶油，加入吉利丁後弄涼。
4. 裝入擠花袋中擠製成甜筒杯，撒上粗碾黑胡椒和剁碎的荷蘭芹。

赤車蝦馬鈴薯可麗餅

【材料】
赤車蝦、馬鈴薯、起司、鹽、胡椒、奶油、番茄醬汁、羅勒醬汁、義大利節瓜

【作法】
1. 馬鈴薯去皮切碎。
2. 赤車蝦和①的馬鈴薯一起混合起司，加鹽和胡椒。
3. 在已加熱奶油的平底鍋中倒入②，一面香煎，一面修整成圓形，放入烤箱中慢慢地烤熟。
4. 將切成1cm厚，烤出焦色的義大利節瓜片放入盤中，上面放上③。周圍滴上番茄醬和羅勒醬汁。

淺燻鰹魚

【材料】
新上市鰹魚、新洋蔥、巴薩米克醋、橄欖油、紫萼（Hosta montana）、蘘荷、款冬、酒盜（註：魚內臟經半年以上鹽漬而成的鹽漬品）、蛋黃、沙拉油、醋

【作法】
1. 鰹魚切長條塊，以櫻樹柴燻製。
2. 新洋蔥切片，加巴薩米克醋、橄欖油混合攪拌一下。
3. 酒盜剁碎，混合蛋黃。加醋，一面混合，一面倒入沙拉油，製作酒盜美奶滋。
4. 在容器中鋪入②，上面盛入切片的①。撒上清炸紫萼、蘘荷和款冬。周圍倒上③的酒盜美奶滋。（註：照片中酒盜美奶滋是倒在上面）

富士屋本店烤漢堡肉

【材料】
牛絞肉、鵝肝、鹽、蛋、胡椒、小牛肉高湯小牛肉高湯（fod de veau）、馬得拉酒（madeira）、松露、義大利節瓜、蓮藕、彩色甜椒（黃、紅）、油菜花、馬鈴薯

【作法】
1. 牛絞肉放入鋼盆中，加蛋黃、鹽和胡椒充分攪拌。產生黏性後，加入切細的鵝肝，小心混合以免鵝肝散爛，取出1人份，用雙手一面揉成扁圓片，一面擠出裡面的空氣。
2. 用已熱油的平底鍋，將①的表面煎至上色，放入烤箱烤熟。
3. 製作醬汁。小牛肉高湯和馬得拉酒混合熬乾，加入切碎的松露煮一下。
4. 蔬菜類切成易食用的大小，烤熟。馬鈴薯切條油炸。
5. 在容器中盛入②的漢堡肉，裝飾上④的蔬菜類，倒入③的醬汁。

新風格的BAR

『cinnabar 辰砂』

皮蛋豆腐
佐麻辣綠色沙拉

【材料】
皮蛋豆腐（酪梨果肉、奶油起司、皮蛋、豆腐）、麻辣綠色沙拉（水菜，春包心菜、白蘿蔔、腰果、炸紅蔥、麻辣〔醬油、醋、辣油、山椒、砂糖、大蒜、生薑〕）、鹹餅乾

【作法】
1. 製作皮蛋豆腐。將皮蛋的蛋黃和蛋白分開備用。
2. 將切碎的酪梨果肉、奶油起司、①的蛋黃和碎豆腐放入大碗中混合，再混入切碎的①的蛋白。
3. 製作麻辣綠色沙拉。將水菜、春包心菜、白蘿蔔切成易食用的大小。腰果剁碎，炸紅蔥也切碎，和蔬菜一起大致混合。
4. 製作麻辣醬。將醬油、醋、辣油、山椒、砂糖、剁碎的大蒜和生薑混合備用。
5. 將②的皮蛋豆腐和③盛入容器中。沙拉上淋上④，佐配上鹹餅乾。

辣炒青菜

【材料】

青菜（圖中是油菜）、大蒜（切末油煮過）、生辣椒、鹽、橄欖油

【作法】

1. 青菜去除根部，切大塊，汆燙一下，瀝除水分。
2. 在中式炒鍋裡加熱橄欖油，放入剁碎的生辣椒、①和大蒜拌炒。
3. 加鹽調味，盛入容器中。

特製烏魚子

【材料】

鯔魚（Mugil cephalus）蛋、鹽、醬油、紹興酒、白蘿蔔

【作法】

1. 用水洗淨鯔魚蛋表面的污物。
2. 混合鹽、醬油和紹興酒製作醃漬液，讓①醃到入味。
3. 入味後取出，放到冷藏庫等乾燥的地方，讓它乾燥1～2個月。
4. 收到點單，將烏魚子切片烘烤，和切薄片的白蘿蔔一起盛入盤中。

蜂蜜檸檬煮小排

【材料】

豬小排、調味醬油、麵粉、醬油、砂糖、醋、蜂蜜、檸檬

【作法】

1. 豬小排分切後，放入調味醬油燉煮入味。
2. 小排入味後，取出瀝除水分，沾上粉，放入加熱的油中油炸。
3. 在中式炒鍋中，放入醬油、砂糖、醋、蜂蜜、檸檬和小排，煮到小排泛出光澤後盛盤。

紹興酒風味醉雞

【材料】

大山雞全雞、毛湯（註：以豬、雞和鴨骨及碎肉等，或加入豬肉和雞鴨肉等熬煮而成）、新洋蔥、山椒、鹽、紹興酒

【作法】

1. 整隻雞放入毛湯中，溫度保持80℃慢慢地煮至熟透。
2. 雞肉熟透後，直接放在煮汁中浸泡。
3. 在熱水中放入山椒和鹽煮沸後過濾，加入切片洋蔥、②的雞肉和紹興酒醃漬，放涼。
4. 雞肉放涼後，分切。醃漬好的洋蔥放入盤中，再盛入雞肉。

高井戶涼拌麵

【材料】

中華麵（粗麵）、無化學添加蠔油、麻辣醬、擔仔肉燥（豬絞肉、香菇、蝦米、酒、醬油、砂糖、油等）、綠豆芽、青菜、海苔絲、特製辣油

【作法】

1. 製作擔仔麵肉燥。在已熱油的鍋中拌炒豬絞肉和剁碎的香菇，加入蝦米、酒、醬油和砂糖等炒勻，放涼備用。
2. 粗麵水煮後瀝除水分，放入鋼盆中，加入無化學添加的蠔油和麻辣醬調拌。
3. 盛入容器中，放上擔仔麵肉燥。加上汆燙好的綠豆芽、青菜和海苔絲。在其他容器中盛裝特製辣油一起上桌。

『 餃子（ chaozu ）』

招牌餃子

【材料】

豬絞肉、包心菜、韭菜、鹽、胡椒、蠔油、自製餃子皮、拌炒油、沾醬（用麻油拌炒豆瓣醬和大蒜）、醬油

【作法】

1. 製作餃子餡。剁碎的包心菜加鹽混拌，擠除水分，和剁碎的韭菜一起放入豬絞肉中，充分攪拌混勻。
2. 用鹽、胡椒和蠔油調味，用自製餃子皮包好餡料。
3. 在鐵板上塗油加熱，放入②的餃子，倒水加蓋，燜煎。
4. 煎好後上、下翻面，直接送至客席。佐配上特製的沾醬和醬油。

湯餃

【材料】

自製餃子（參照「招牌餃子」）、柴魚海帶高湯、淡味醬油、鹽、白蔥、芝麻

【作法】

1. 餃子放入大量的沸水中煮熟。
2. 柴魚海帶高湯用鹽和淡味醬油調味備用。
3. 餃子熟了之後，撈起，瀝除水分，放入②的高湯中。

4. 白蔥斜切片，加入③中。放入芝麻，煮一下後即可上桌。

油炸酪梨起司餃

【材料】

酪梨、切達起司（cheddar）、餃子皮、炸油、金黃醬汁（aurore sauce）、胡椒、荷蘭芹

【作法】

1. 酪梨去除種子和皮，切成一口大小。
2. 餃子皮攤開，放上①，及和①切成相同大小的切達起司包起來。
3. 用熱油，將②的皮炸至呈金黃色，瀝除多餘油分。
4. 在盤中擠入金黃醬汁，上面放上③。撒上胡椒和剁碎的荷蘭芹。

炸雞翅

【材料】

雞翅肉、鹽、胡椒、麵粉、炸油、檸檬、荷蘭芹

【作法】

1. 雞翅肉撒鹽和胡椒稍微揉搓，讓它入味。
2. 麵粉用水調勻製作麵衣，放入①的雞翅肉讓整體都裹上麵衣。
3. 放入熱油中，以中火慢慢油炸。
4. 炸到裡面熟透後取出，瀝除油盛盤。
5. 佐配上荷蘭芹和檸檬。

炒飯

【材料】

嫩火腿（註：「baby ham」為火腿品牌名）、炒油、蛋、米飯、鹽、胡椒、鮮味調味料、醬油、油、包心菜、青蔥

【作法】

1. 用油拌炒切碎的嫩火腿。
2. 散出香味後，放入打散的蛋汁和米飯，炒到米粒散開。
3. 加鹽、胡椒和鮮味調味料調味，加入切大塊的包心菜拌炒一下，從鍋邊倒入醬油拌炒，增加香味。
4. 盛入容器中，撒上切小截的青蔥。

『 SALSA CABANA BAR 』

市場（Mercado）風味墨西哥捲餅

【材料】

墨西哥玉米餅（玉米餅用玉米粉、鹽、消石灰、水）、墨西哥醬（番茄、洋蔥、墨西哥辣椒（jalapenos）、芫荽、鹽、萊姆汁）、青莎莎醬（食用酸漿、青辣椒、煙燻辣椒（chipotle）、洋蔥、芫荽）、墨西哥牛瘦肉、鹽、胡椒、芫荽、紅洋蔥

【作法】

1. 準備墨西哥醬。番茄去皮切大塊，洋蔥切末，墨西哥辣椒剔除種子、切末。混合芫荽以外的所有材料，加鹽調味，加入萊姆汁即完成。
2. 準備青莎莎醬。將食用酸漿、青辣椒、煙燻辣椒和洋蔥，放入果汁機中攪打。
3. 用專用器具將拌勻的材料上擀成薄圓片，放在不塗油的鐵板上，煎烤兩面製成玉米餅。
4. 牛肉加鹽和胡椒，在已熱油的平底鍋上煎烤表面。取出切成細長條。
5. 玉米餅上放上牛肉，盛入容器中。在其他容器中分別裝2種莎莎醬，再佐配上芫荽和切片紅洋蔥。

新鮮酪梨醬（guacamole）

【材料】

酪梨、洋蔥、芫荽、墨西哥辣椒、鹽、萊姆汁、番茄、玉米餅片

【作法】

1. 酪梨切半，剔除種子取出果肉。洋蔥切末，墨西哥辣椒取出種子切末。將芫荽以外的所有材料混合，加鹽調味，擠入萊姆汁即完成。
2. 盛入容器中，配上清炸玉米餅片。放上切碎的番茄和用刀剁碎的芫荽。

鴻禧菇風味墨西哥烤餅

【材料】

墨西哥薄餅（flour tortillas）（麵粉、泡打粉、鹽、水）、寇比傑克起司（colby jack cheese）、鴻禧菇、酪梨醬（參照上文）、番茄

【作法】

1. 攪拌材料，擀薄，以不塗油的鐵板煎烤兩面，製成墨西哥薄餅。
2. 鴻禧菇剔除根底、弄散，放入加油的鍋中稍微拌炒。
3. 在薄餅中放上鴻禧菇和寇比傑克起司，對摺，放入平底鍋中煎烤兩面。

4.盛入容器中，放上酪梨醬和剁碎的番茄。

南墨辣炸雞

【材料】

雞腿肉、麵粉、墨西哥紅醬（de arbol chile〔迪阿波辣椒〕）、洋蔥、大蒜、沙拉油、番茄、水、雞高湯）、煙燻辣椒、燈籠辣椒、醋、奶油、牧場醬汁（美奶滋、大蒜）、紅葉苗苣

【作法】

1. 製作墨西哥紅醬。洋蔥、大蒜切片，用油拌炒，放入去蒂的迪阿波辣椒。將番茄、水和高湯一起用果汁機攪打，倒入鍋裡，一面撈除浮沫雜質，一面熬乾備用。
2. 將①和煙燻辣椒、燈籠辣椒、醋和奶油一起用果汁機攪打，製成醬汁。
3. 雞肉切成易食用的大小，沾上麵粉，油炸。
4. 將剛炸好的雞肉裹上②的醬汁，盛入鋪了紅葉苗苣的容器中。淋上混合材料的牧場醬汁。

蒜辣炒蝦

【材料】

蝦、瓜希柳辣椒（Guajillo chile）、橄欖油、大蒜、鹽、法國短棍麵包

【作法】

1. 蝦子去除頭和腳，去蝦殼，只剩蝦尾。
2. 橄欖油中加入大蒜、瓜希柳辣椒，開火加熱，煮出辣椒高湯。散出大蒜香味，油色變金黃色後，撒鹽，放入蝦子煮熟。
3. 盛入容器中，附上盛在其他容器的切片法國短棍麵包。

OTE2 的芝麻白腹鯖

【材料】

白腹鯖、白芝麻、調味醬油、青蔥、海苔絲、洋蔥

【作法】

1. 白腹鯖剔除魚鱗、去頭，去除內臟，用水清洗，分切三片。去皮後切片。
2. 在容器中放入切片、用水漂洗過的洋蔥，再盛入①，撒上大量蔥花。淋上調味醬油，撒上大量白芝麻，放上能蓋住魚片的大量海苔。

芥末醋味噌涼拌章魚小黃瓜

【材料】

長腕小章魚（Octopus minor）、小黃瓜、洋蔥、芥末醋味噌、青紫蘇葉

【作法】

1. 長腕小章魚撒入大量鹽揉搓，去除黏液。
2. 將頭部翻面，剔除內臟和墨囊。
3. 煮沸大量的水，加鹽，放入②的章魚水煮。煮熟後取出，弄涼。
4. 小黃瓜撒鹽揉搓後，去皮，切成易食用的大小。
5. 在容器中鋪入切片、用水漂洗好的洋蔥，放上青紫蘇葉。上面盛入切成易食用大小的③和④，佐配上芥末醋味噌。

超美味！烤芥末秋刀魚

【材料】

芥末醃秋刀魚、白蘿蔔泥、洋蔥、青紫蘇葉、檸檬、醬油

【作法】

1. 芥末醃秋刀魚用火直接烤熟。
2. 盛入容器中，佐配切片、用水漂洗過的洋蔥、白蘿蔔泥和青紫蘇葉。放上切月牙片的檸檬，附上另外盛裝的醬油。

米糠漬鯖魚（hesiko）

【材料】

米糠漬鯖魚、洋蔥、青紫蘇葉、檸檬

【作法】

1. 用水輕輕洗去米糠漬鯖魚的米糠，切薄片。
2. 在容器中鋪入切片、用水漂洗過的洋蔥，放入青紫蘇葉，盛入①。最後放上切月牙片的檸檬。

特產　辣味醋牛腸

【材料】

牛直腸、辣椒粉、橙味醬油、青蔥

【作法】

1. 牛直腸用水洗淨，放入鍋裡，倒入水加熱。煮沸後用網篩撈起，放在流水下沖掉表面的污物，切成適口大小、有嚼感的厚度。
2. 盛入容器中，撒上辣椒粉，淋上橙味醬油，放上切碎的青蔥。

馬刺（生馬肉）

【材料】

馬五花肉、洋蔥、青紫蘇葉、青蔥、薑泥、蒜泥、醬油

【作法】

1. 將馬五花肉切片，切成易食用的大小。
2. 在容器中放入切片、用水漂洗的洋蔥，鋪入青紫蘇葉，盛入①。佐配青蔥花、薑泥和蒜泥
3. 上桌時另外附上醬油和小碟子。

『東京立飲BAR』

五島列島直送　鮮魚生魚片

【材料】

真鯛、鹽、胡椒、橄欖油、粉紅胡椒、小番茄、櫻桃蘿蔔、酸豆、荷蘭芹、檸檬

【作法】

1. 真鯛分切三片，剔除小骨，去皮，切片。
2. 在容器中排入①，撒鹽和胡椒，淋上橄欖油。放上切好的小番茄和切片櫻桃蘿蔔，撒上粉紅胡椒、酸豆和剁碎的荷蘭芹。配上切月牙片的檸檬。

伊比利豬生火腿　Bellota

【材料】

西班牙山火腿（Jamón Serrano）伊比利豬 Bellota

【作法】

1. 伊比利豬生火腿用專用刀切極薄片，盛入盤中。

馬刺　蒜味生馬肉

【材料】

馬紅肉、醬油、大蒜、芝麻菜

【作法】

1. 用醬油直接醃漬整顆大蒜，增加風味。
2. 馬肉切薄片，鋪放在容器中，表面塗上①的醬油。佐配上大量的芝麻菜。

白葡萄酒蒸鮮魚

【材料】

白肉魚（圖中是真鯛）、鹽、胡椒、檸檬、白葡萄酒、鴻禧菇、粉紅胡椒、荷蘭芹

【作法】

1. 真鯛分切三片，去小骨和皮，切成易食用的大小。鴻禧菇剔除根部，分數小株。
2. 鋁箔紙攤開，放上①，撒上鹽和胡椒，擠上檸檬汁。淋上葡萄酒，撒上粉紅胡椒和剁碎的荷蘭芹，將鋁箔紙弄成袋狀封口。
3. 直接放入烤箱中燜烤。
4. 熟透後，鋁箔紙直接放在容器中。送至客席，才在顧客面前戳破鋁箔紙供應。

炸伊比利豬絞肉排

【材料】

伊比利豬絞肉、洋蔥、馬鈴薯、鹽、胡椒、麵粉、蛋、麵包粉、馬鈴薯沙拉、水芹、炸豬排醬汁

【作法】

1. 馬鈴薯用水煮熟搗爛。
2. 伊比利豬絞肉中加鹽充分攪拌，加入細細剁碎的洋蔥和①充分混合。加鹽和胡椒調味。
3. 將②塑成小橢圓形，依序沾上麵粉、蛋汁和麵包粉，油炸。
4. 瀝除油，切半，放入盛了馬鈴薯沙拉的容器中。淋上炸豬排醬汁，佐配上水芹。

特色酒BAR

『立飲葡萄酒BAR 角打葡萄酒 利三郎』

田中肉屋肉派

【材料】

混合絞肉、豬肝、蛋、鹽、黑胡椒、肉荳蔻、多香果（allspice）、大蒜、比利時紅蔥、荷蘭芹、硝石、紅葡萄酒、露比波特酒、馬得拉酒、白蘭地、培根、芥末醬、荷蘭芹

【作法】

1. 在小鍋裡放入鹽、硝石、紅葡萄酒、露比波特酒、馬得拉酒和白蘭地，一面加熱，一面煮融鹽和硝石。
2. 在鋼盆中放入蛋、磨碎的大蒜泥、切末的紅蔥、荷蘭芹、黑胡椒、多香果和肉荳蔻，用手混合。
3. 在②中加入以食物調理機攪碎的豬肝混勻後，再加入①。
4. 混合絞肉分3次加入③中，混合。
5. 在肉派模型中鋪入蠟紙，紮實地填入培根。讓培根的兩端從模型中突出。
6. 一面敲擊⑤的模型底部，一面讓④的空氣釋出，用突出的培根蓋到模型上，以蠟紙包住放入冷藏

庫一天。

7. 在盛了熱水的淺盤中放入⑥，放入加熱至180℃的烤箱中蒸烤50～60分鐘。經過30～40分鐘後，掀開蓋子再烘烤。

8. 將模型取出，稍微變涼後，壓上重物，放入冷藏庫中冰涼。

9. 供應時切片，撒上黑胡椒、剁碎的荷蘭芹，佐配上芥末醬。

茄汁雙色橄欖

【材料】

番茄醬（整顆番茄罐頭、洋蔥、胡蘿蔔、芹菜、橄欖油、鯷魚、大蒜、鷹爪辣椒）、橄欖、E.X.V.橄欖油

【作法】

1. 製作番茄醬。在鍋裡放入橄欖油、切末的洋蔥、胡蘿蔔和芹菜拌炒。蔬菜熟透後，放入整顆番茄燉煮。

2. 在其他的鍋裡放入橄欖油、大蒜、鷹爪辣椒和鯷魚拌炒，散出香味後，加入①的番茄醬和橄欖，約煮15分鐘。倒入其他容器中，稍涼後放入冷藏庫保存。

3. 收到點單後，在容器中盛入②，最後淋上E.X.V.橄欖油。

戈爾根佐拉起司佐馬鈴薯沙拉

【材料】

男爵馬鈴薯、紅洋蔥、小黃瓜、白煮蛋、特製美奶滋、鹽、胡椒、戈爾根佐拉起司（gorgonzola cheese）、荷蘭芹、黑胡椒

【作法】

1. 男爵馬鈴薯水煮後去皮，待涼後，用手大致捏碎。

2. 紅洋蔥和小黃瓜切片，加鹽揉搓後用水漂洗，瀝除水分備用。

3. 在①中加入②的蔬菜、白煮蛋、特製美奶滋，混合整體後，加鹽和胡椒調味。

4. 將③盛入容器中，一面削下冷凍的戈爾根佐拉起司，一面撒入，再撒上荷蘭芹和黑胡椒。

炸豬排夾起司和番茄醬

【材料】

豬里肌肉、起司、麵包粉、蛋、荷蘭芹、麵粉、鹽、黑胡椒、番茄醬（整顆番茄、鹽）

【作法】

1. 豬里肌肉片拍薄，撒上鹽和黑胡椒。

2. 製作番茄醬。過濾整顆番茄，放入鍋裡熬煮，加鹽調味。

3. 豬里肌肉片上放上起司、番茄醬，再蓋上另一片里肌肉夾住。

4. 依序在③上沾上麵粉、蛋汁和麵包粉，再沾上蛋汁和麵包粉，增加麵衣厚度。放入淺鋼盤中，送入冷凍。

5. 收到點單，再將冷凍豬排直接放入油中炸2～3分鐘後，取出。直接放在常溫中5分鐘，讓裡面熟透，再用油炸2～3分鐘讓外表酥脆。

6. 將⑤切半盛入容器中，撒上剁碎的荷蘭芹和黑胡椒。

醃節瓜和牛角江珧蛤

【材料】

義大利節瓜、牛角江珧蛤（Atrina pectinata japonica）、檸檬風味橄欖油、橄欖油、番茄、比利時紅蔥、卡宴辣椒粉、辣椒粉、鹽、白砂糖、紅葡萄酒醋、調味汁（洋蔥、大蒜、紅蔥、芥末醬、白葡萄酒醋、橄欖油、鹽）、檸檬汁、山蘿蔔、蒔蘿

【作法】

1. 牛角江珧蛤切片，用檸檬風味橄欖油醃漬。

2. 番茄泡熱水去皮，剔除種子，壓碎果肉。加入比利時紅蔥、橄欖油、卡宴辣椒粉、辣椒粉、鹽、白砂糖和紅葡萄酒醋調味製成醬料。

3. 義大利節瓜切片，塗上鹽和橄欖油，表面烤過後，再放入烤箱中烤到軟爛，用已混合材料製成的調味汁醃漬。

4. 依照③、②、①的順序，盛入容器中。淋上適量的檸檬汁，最後裝飾上山蘿蔔和蒔蘿。

『壞（泡組）』

前菜　泡組當日拼盤

● 羅勒醬拌章魚

【材料】

北太平洋巨型章魚（Enteroctopus dofleini）、鹽、胡椒、蒜粉、羅勒葉、橄欖油、起司粉

【作法】

1. 北太平洋巨型章魚用煮沸的熱水汆燙後，切片。

2. 將①擦去水氣，加鹽、胡椒和蒜粉醃漬。

3. 入味後，用切碎的羅勒、橄欖油和起司粉混合的調味料調拌。

● 義式燉蔬菜

【材料】

義大利節瓜、茄子、紅、黃甜椒、橄欖油、大蒜、白葡萄酒、番茄醬、鹽

【作法】

1. 茄子和義大利節瓜切丁，彩色甜椒去蒂和種子，切丁。
2. 在鍋裡加熱油和大蒜，散出香味後加入①混拌一下。加入白葡萄酒燜煮，再加番茄醬燉煮。加鹽調味弄涼備用。

● 包心菜絲沙拉

【材料】

包心菜、鹽、黑胡椒、蒜粉、孜然、千鳥醋、橄欖油

【作法】

1. 包心菜約切成1.5cm寬，加鹽揉搓。
2. 在黑胡椒、蒜粉和孜然中，混入千鳥醋和橄欖油，放入擠除水分的①的包心菜調拌備用。

● 醃黃瓜

【材料】

鴻禧菇、白花菜、義大利節瓜、紅、黃甜椒、蜂蜜、千鳥醋、白葡萄酒、水

【作法】

1. 製作醃黃瓜。鴻禧菇剔除根部，弄散。義大利節瓜切成易食用的大小，紅、黃甜椒去除蒂頭和種子，切成易食用的大小。白花菜分數小株，放入加鹽和醋的熱水中汆燙備用。
2. 混合蜂蜜、千鳥醋和白葡萄酒製作甜醋，用水稀釋後放入鍋裡，再放入①的蔬菜類煮一下，直接弄涼備用。

● 肉醬

【材料】

豬肉、洋蔥、高湯、番茄糊、波特酒、露比波特酒、馬得拉酒、普羅旺斯香料、奶油、橄欖油

【作法】

1. 豬肉用加了薄油的鍋拌炒，讓表面稍微上色。
2. 暫時取出肉，放入切碎的洋蔥拌炒。
3. 洋蔥炒軟後，放回②的肉，加入高湯、番茄糊、波特酒、露比波特酒、馬得拉酒和普羅旺斯香料，煮到水分收乾。
4. 趁熱一面加入奶油和橄欖油，一面弄散肉的纖

維，待涼後，密封保存以免接觸空氣。

※ 在容器中，將切片生火腿、義式臘腸、羅勒醬拌章魚、義式燉蔬菜、包心菜絲沙拉、醃黃瓜和肉醬一起盛盤。

香草麵包粉烤油漬沙丁魚

【材料】

油漬沙丁魚、醬汁（美奶滋、鯷魚、咖哩粉）、香草麵包粉（麵包粉、荷蘭芹、起司粉）

【作法】

1. 製作香草麵包粉。荷蘭芹切末，混合麵包粉和起司粉備用。
2. 製作醬汁。鯷魚切碎，和美奶滋、咖哩粉一起充分混合備用。
3. 在耐熱盤中排入油漬沙丁魚，淋上②，撒上①，放入烤箱烘烤。

鹽崎家的蘆筍

【材料】

綠色蘆筍、橄欖油、美奶滋、鯷魚、蒜粉、粗碾胡椒（mignonnette）

【作法】

1. 將美奶滋、切碎的鯷魚和蒜粉混合備用。
2. 用已熱油的平底鍋稍微香煎綠色蘆筍。
3. 切成好食用的長度盛入容器中，佐配①的醬汁，放上粗碾胡椒。

番茄燉牛肚

【材料】

蜂巢胃、芹菜、白葡萄酒、雞高湯、整顆番茄、鹽、黑胡椒、普羅旺斯香料、辣椒粉、義大利荷蘭芹

【作法】

1. 蜂巢胃放入水中約煮1小時去除腥臭味，用網篩撈起，放在流水中徹底清洗，擦乾水漬後切短條。
2. 在鍋裡放入①和剁碎的芹菜，開火加熱，加入白葡萄酒，加蓋燜煮。
3. 葡萄酒的水分煮乾後，加入雞高湯、整顆番茄一起燉煮。
4. 加黑胡椒、普羅旺斯香料和辣椒粉再燉煮。加鹽調味。
5. 盛入容器中，裝飾上義大利荷蘭芹。

久松農園直送　當日大份沙拉

【材料】

義大利節瓜、番茄、縮緬甘藍（savoy cabbage）、長葉萵苣葉、紅葡萄酒醋、橄欖油、鹽、胡椒

【作法】

1. 將長葉萵苣葉用手撕成易食用的大小，盛入容器中讓高度高於容器。
2. 義大利節瓜切片，番茄切丁，縮緬甘藍切末備用。
3. ②的義大利節瓜放入已熱油的平底鍋中煎一下，放入已盛裝②的番茄和縮緬甘藍的鋼盆中。加紅葡萄酒醋、鹽、胡椒和橄欖油調拌一下。
4. 將③豐盛地盛入①的容器中。

『富士屋本店Wine Bar』

醃漬螢烏賊

【材料】

螢烏賊、紅蔥、白葡萄酒醋、E.X.V.橄欖油、鹽、胡椒

【作法】

1. 將螢烏賊沖漬瀝除水分（註：沖漬是一種料理法，以鹽、醬油、酒等醃漬烏賊或竹筴魚等。醃漬烏賊，即稱「烏賊沖漬」），和紅蔥、白葡萄酒醋、E.X.V.橄欖油、鹽、胡椒混合成調味汁。
2. 將①盛入烈酒杯中，放入葉托中供應。

俄羅斯風馬鈴薯沙拉

【材料】

馬鈴薯、紅葡萄酒醋、E.X.V.橄欖油、鹽、砂糖、白煮蛋、菜豆、胡蘿蔔、酸豆、熟橄欖、鮪魚、美奶滋、大蒜、荷蘭醬（hollandaise sauces）、辣椒粉、荷蘭芹

【作法】

1. 馬鈴薯蓋上保鮮膜，用微波爐加熱煮熟。趁熱去皮，大致碾碎，加紅葡萄酒醋、E.X.V.橄欖油、鹽和砂糖調味。
2. 菜豆和胡蘿蔔煮熟後切碎。酸豆、熟橄欖也細細剁碎。鮪魚瀝除油分弄碎。
3. 在①的馬鈴薯中加入②的材料，加入美奶滋和剁碎的大蒜混合。
4. 盛入容器中，淋上荷蘭醬，用瓦斯噴槍燒出焦痕。撒上辣椒粉和切碎的荷蘭芹。

雞肝慕斯

【材料】

雞肝慕斯（珠雞的肝、大蒜、紅蔥、蔥、奶油、蘋果酒、鮮奶油、鹽、胡椒）、香提鮮奶油（鮮奶油、蜂蜜）、蜂蜜焦糖醬汁（蜂蜜、葡萄柚汁）、黑胡椒

【作法】

1. 清除珠雞肝的筋膜和血塊等備用。
2. 在平底鍋中加熱奶油，拌炒剁碎的大蒜、紅蔥和蔥。散出香味後，加入①再拌炒。
3. 倒入蘋果酒，煮沸，熬煮到湯汁收乾為止。
4. 在果汁機中，直接放入熱的③攪打，加奶油和鮮奶油，充分攪打混勻。加鹽和胡椒調味後，倒入容器中，緊密地蓋上保鮮膜，稍微變涼後，冷凍備用。
5. 製作香提鮮奶油。鮮奶油攪打發泡，加入蜂蜜攪打到發泡變硬。
6. 製作蜂蜜焦糖醬汁。在鍋裡放入蜂蜜，開火加熱，煮成焦糖狀後，加入葡萄柚汁熬煮到變黏稠。
7. 在容器中放入⑤，從上面撒上削片的④。再淋上⑥的醬汁，撒上黑胡椒。

鰻魚包心菜

【材料】

包心菜、鰻魚調味汁（鰻魚、大蒜、辣椒、橄欖油、高湯、水、雞高湯）、蒜油、鰻魚醬

【作法】

1. 製作鰻魚調味汁。用橄欖油拌炒大蒜和辣椒，散出香味後加入鰻魚炒勻。加入高湯、水和雞高湯增加味道，保存備用。
2. 包心菜取四分之一，去芯，蓋上保鮮膜用微波爐稍微加熱，再放入1的調味汁中醃漬。
3. 取出包心菜，用已加熱的平底鍋一面香煎，一面上面用瓦斯噴槍燒烤。
4. 盛入容器中，淋上已混合蒜油的鰻魚醬。

紅酒燉牛五花肉

【材料】

牛塊肉、洋蔥、胡蘿蔔、芹菜、大蒜、水煮番茄、小牛肉高湯、綜合香草束、紅葡萄酒、麵粉、奶油、鹽、胡椒

【作法】

1. 牛肉放入已加熱奶油的平底鍋中，將表面煎至有焦色。
2. 有焦色後，取出牛肉，放入大致剁碎的洋蔥、胡

蘿蔔、芹菜和大蒜拌炒。

3. 蔬菜炒軟後，倒回牛肉，撒入麵粉拌勻，加入水煮番茄、小牛肉高湯、綜合香草束和紅葡萄酒，一面撈除浮沫雜質，一面用小火燉煮入味。

4. 蔬菜類燉煮到融化後，取出牛肉。涼了之後切成易食用的大小。

5. 撈除煮汁中的綜合香草束，用網篩過濾掉蔬菜類，湯汁再倒回鍋裡熬煮。加鹽和胡椒調味，加奶油製成醬汁。

6. 加熱⑤的醬汁，加入④的肉拌勻，盛入容器中。

『BALTHAZAR』

芹菜香草雞肉煎餃

【材料】

雞腿肉、雞脖肉、軟骨、洋蔥、芹菜、義大利荷蘭芹、迷迭香，孜然、雞高湯、鹽、胡椒、綜合香料、高筋麵粉、低筋麵粉、粗磨小麥粉、沙拉油、義大利荷蘭芹、辣椒、白葡萄酒醋、克蘭瑪薩朗、孜然、橄欖油、鹽、胡椒

【作法】

1. 用攪肉機將雞腿肉、雞脖肉和軟骨攪碎。將洋蔥、芹菜和義大利荷蘭芹切末，和迷迭香、孜然一起混入肉中充分混合。加入少量的雞高湯，加鹽、胡椒和綜合香料調味。

2. 製作餃子皮。將高筋麵粉、低筋麵粉、粗磨小麥粉和水攪拌揉搓放置一晚。隔天揉成棒狀，切成厚1cm， 成薄圓片。

3. 用②的餃子皮，包入①製成餃子。

4. 將③放入塗了薄沙拉油的鍋中煎熟，盛入容器中，撒上切碎的義大利荷蘭芹。

5. 上桌時附上辣椒、白葡萄酒醋、克蘭瑪薩朗、孜然、橄欖油、鹽和胡椒混合成的哈里薩辣醬。

章魚酪梨小黃瓜沙拉

【材料】

章魚、白葡萄酒、茴香、百里香、芹菜、小黃瓜、酪梨、鹽、洋蔥、法國黃芥末、白葡萄酒醋、橄欖油、胡椒、水芹、粉紅胡椒

【作法】

1. 將用鹽揉搓洗淨的章魚放入鍋中，加白葡萄酒、茴香、百里香和芹菜，一面撈除浮沫雜質，一面水煮。熟透後取出章魚，弄涼。

2. 將小黃瓜、酪梨和①的章魚切成一口大小，稍微撒點鹽。

3. 用果汁機攪打洋蔥、法國黃芥末、白葡萄酒醋、橄欖油、鹽和胡椒，製成法式調味汁。

4. 將②用③調拌，加鹽和胡椒調味，盛入容器中。在周圍裝飾水芹，從上面撒上粉紅胡椒。

油炸什錦蔬菜

【材料】

高筋麵粉、鹽、碳酸水、秋葵、青辣椒、迷你義大利節瓜、苦瓜、茄子、羅勒、沙拉油、橄欖油

【作法】

1. 將高筋麵粉、鹽和碳酸水混合，製成麵衣。

2. 秋葵加鹽在砧板揉搓去除細毛，和青辣椒一起用牙籤戳洞。迷你義大利節瓜縱切一半。苦瓜去除瓜囊和種子，切片。茄子切成適口大小。

3. 在②和羅勒上沾上①的麵衣，用沙拉油油炸。盛入容器中，稍微撒點鹽。

4. 另外附上橄欖油和鹽混合成的醬汁。

淺烤鰹魚和茄子

【材料】

茄子、鹽、橄欖油、柴魚、蒜油、番茄、芝麻菜、萵苣、岩鹽、義大利荷蘭芹、羅勒、茴香、酸豆、大蒜、白葡萄酒醋、橄欖油

【作法】

1. 茄子直接用火烤過去皮，切成一口大小，撒上鹽。擦掉釋出的水分，用橄欖油醃漬備用。

2. 柴魚稍微撒鹽，一面淋上蒜油，一面用平底煎烤盤煎烤表面，切片。

3. 在容器中盛入②，加上①。再盛入切好的番茄、芝麻菜和萵苣，撒上岩鹽。

4. 將義大利荷蘭芹、羅勒、茴香、酸豆、大蒜、白葡萄酒醋、橄欖油和鹽放入果汁機中攪打，製成義式青醬，淋到③上。

蒜味羅勒番茄義大利麵

【材料】

番茄、橄欖油、大蒜、洋蔥、鹽、義大利麵、羅勒、E.X.V.橄欖油

【作法】

1. 番茄用熱水燙過，去皮，一半切成一口大小，另一半用刀敲碎。

2. 在平底鍋中，放入橄欖油和切末的大蒜加熱，散出香味後加入切片洋蔥，炒到變軟後，加入①加鹽調味。

3. 用加鹽的沸水煮義大利麵。

4. 將義大利麵的煮汁當作湯汁加入②中，撒上羅勒，撒鹽。放入義大利麵調拌均勻。盛入容器中，淋上 E.X.V. 橄欖油。

『澀谷 BAR209

Wine&Tapas IZAKAYA 』

下酒菜拼盤

●燻鴨

【材料】

鴨胸肉、鹽、白砂糖、巴薩米克醋

【作法】

1. 將鹽和白砂糖混合，醃漬鴨胸肉。

2. 醃漬好後洗去調味料，擦乾水分，煙燻至肉裡熟透。

3. 切成易食用的大小。

●燻鮭魚

【材料】

鮭魚、鹽、白砂糖

【作法】

1. 將鹽和白砂糖混合，醃漬鮭魚。

2. 醃漬好後洗去調味料，擦乾水分，煙燻。

3. 放涼後，切成易食用的大小。

●馬鈴薯沙拉

【材料】

馬鈴薯、鯷魚、洋蔥、鮮奶油、鹽、胡椒、黑橄欖

【作法】

1. 馬鈴薯煮熟去皮。洋蔥切碎，用水漂洗後擠乾。

2. 將①的馬鈴薯大致碾碎後，加入①的洋蔥、鮮奶油、切碎的鯷魚調拌。加鹽和胡椒調味。

●葡萄酒蒸淡菜

【材料】

淡菜、白葡萄酒、番茄蒜醬（番茄、大蒜、橄欖油、鹽、胡椒）

【作法】

1. 在鍋裡加入淡菜和白葡萄酒，開火加熱。

2. 殼打開後取出，弄涼備用。

3. 番茄和大蒜切碎，加入橄欖油、鹽和胡椒調拌，製成番茄蒜醬。

●卡普列茲（caprese）

【材料】

小番茄、莫札瑞拉起司

【作法】

1. 小番茄和圓形莫札瑞拉起司刺成串備用。

●炸香草蝦

【材料】

白對蝦（Penaeus vannamei）、高筋麵粉、「沙拉調味粉（salad elegance）」

【作法】

1. 蝦子連殼直接沾上高筋麵粉，油炸，附上「沙拉調味粉（salad elegance）」。

※ 將燻鴨、燻鮭魚、馬鈴薯沙拉、葡萄酒蒸淡菜和炸香草蝦盛入容器中。燻鴨淋上熬煮過的巴薩米克醋，馬鈴薯沙拉上放上切片黑橄欖，葡萄酒蒸淡菜上淋上番茄蒜醬。在容器中撒上卡疆粉（cajun），佐配綜合蔬菜嫩葉。

戈爾根佐拉蒜味吐司

【材料】

法國短棍麵包、鮮奶、大蒜、戈爾根佐拉起司、鮮奶油、荷蘭芹、胡椒

【作法】

1. 法國短棍麵包切成6～7cm厚。

2. 切口上塗上剁碎的大蒜，用鮮奶稍微弄濕後，放入烤箱將表面烤香。

3. 戈爾根佐拉起司用鮮奶油稀釋，塗在麵包切口上，盛入容器中。上面撒上胡椒和剁碎的荷蘭芹。

蒜味蝦

【材料】

橄欖油、大蒜、辣椒、鯷魚、鹽、蝦、荷蘭芹

【作法】

1. 在鍋裡放入橄欖油、大蒜、辣椒、鯷魚和鹽加熱，再放入蝦煮熟。撒上荷蘭芹即完成。

當季什錦海鮮

【材料】

淡菜、蛤仔、草蝦、真烏賊、青柳貝（hen clam）、

綠橄欖、酸豆、橄欖油、鹽、貝類高湯、麵包粉

【作法】

1. 在平底鍋中加熱橄欖油，放入淡菜、蛤仔、青柳貝、去殼草蝦和切成易食用大小的真烏賊拌炒，再加入貝類高湯。

2. 海鮮約加熱至半熟後取出，盛入放入橄欖和酸豆的容器中，淋上平底鍋中剩餘的湯汁。

3. 撒上麵包粉，用烤箱烘熟後即上桌。

什錦烤肉

【材料】

特製西班牙辣香腸（豬絞肉、辣椒、鹽、胡椒、豬腸）、雞脖肉、豬頭肉、包心菜、橄欖油、大蒜、鯷魚、迷迭香、鹽、胡椒、檸檬

【作法】

1. 製作特製西班牙辣香腸。在豬絞肉中加入辣椒、鹽和胡椒充分混合，灌入豬腸中。以沸水煮熟，擦乾水分，煙燻後放涼。

2. 在焗烤盤中放入切大塊的包心菜。

3. 在已加熱橄欖油的鍋中，放入切成好食用大小的①、雞脖肉、豬頭肉拌炒，加入切碎的大蒜、迷迭香再拌炒，直到散出香味。加鹽和胡椒調味。

4. 在②的容器中，盛入③的肉類和迷迭香，用烤箱烘烤。配上切月牙片的檸檬。

西班牙海鮮飯

【材料】

白米、雞和海鮮高湯、番紅花、櫻花蝦、橄欖油、大蒜、鹽、胡椒、淡菜、蛤仔、青柳貝、真烏賊、軟殼蝦、彩色甜椒（紅、黃、綠）、洋蔥、檸檬

【作法】

1. 在不加油的海鮮飯鍋中放入櫻花蝦，開火加熱，乾炒直到散出香味。散出香味後，加入橄欖油和大蒜炒香，再加海鮮高湯和番紅花，加鹽和胡椒。混拌一下加入生米，加蓋炊煮。

2. 趁煮飯之際，準備菜料。在其他鍋裡加熱橄欖油，加入切碎的洋蔥和三色甜椒拌炒。

3. 散出香味後，依序加入軟殼蝦、蛤仔、淡菜、真烏賊和青柳貝拌炒，加鹽調味。

4. 米煮至七分熟後，盛入海鮮和蔬菜，放入烤箱烤熟。最後放上切月牙片的檸檬。

『日本酒亭 阮』

三珍味拼盤

【材料】

莫札瑞拉起司、特製醬汁（醬油、乾燥麴）、醃漬香魚（油漬）、鹽、胡椒、鮮奶油、義大利荷蘭芹、花椒芽、鮭魚子、青紫蘇葉

【作法】

1. 將乾燥麴和醬油混合，約放置1週時間製成特製醬汁。

2. 將①分兩份，一份放入容器中，放入莫札瑞拉起司醃漬1～2天。

3. 剩餘的①放入其他容器中，放入鮭魚子醃漬半天～1天。

4. 將醃漬香魚的肉取下，放入食物調理機中攪打，加鹽、胡椒和鮮奶油攪打變細滑。

5. 將②切片盛入容器中，佐配義大利荷蘭芹，③盛入小鉢中，配上花椒芽。將④放在青紫蘇葉上，盛入容器中。

馬鈴薯沙拉

【材料】

馬鈴薯、胡蘿蔔、橄欖油、鹽、粗碾黑胡椒、美奶滋、義大利荷蘭芹

【作法】

1. 若是新鮮馬鈴薯的話直接連皮，和胡蘿蔔一起蒸熟，切成一口大小。

2. 在平底鍋中加熱橄欖油，拌炒①，一面加鹽和粗碾黑胡椒調味，一面稍微壓碎。

3. 稍微弄涼，等收到點單後，用微波爐加熱，加少量美奶滋調拌，盛入容器中。最後裝飾上義大利荷蘭芹。

阮的 namerou

【材料】

竹筴魚、綜合味噌、蔥、生薑、青紫蘇葉、酒、味醂、蘿蔔嬰、蘘荷、紫蘇子、紫蘇花穗

【作法】

1. 竹筴魚分切三片，剔除小骨、剝除魚皮，半片為1人份，切成1cm的小丁。

2. 將蔥、生薑和青紫蘇葉剁碎。

3. 綜合味噌用少量的酒和味醂稀釋，①和②混合後，用味噌大致調拌。

4. 盛入容器中，周圍裝飾上蘿蔔嬰和剁碎的蘘荷，撒上紫蘇子，裝飾上紫蘇花穗。

海鮮淋土佐醋凍

【材料】

真鯛、海帶、鹽、柴魚、海葡萄（Caulerpa lentillifera）、海扇貝、小番茄、玉米筍、特製土佐醋凍（高湯、淡味醬油、醋、砂糖、柴魚、吉利丁）

【作法】

1. 製作海帶醃真鯛。真鯛分切三片，去皮。海帶浸酒弄濕，用擰乾的布擦拭，共製作2片。
2. 將①的鯛魚單面抹鹽，抹鹽側朝下放到①的海帶上。上面再抹鹽，蓋上剩餘的海帶。
3. 製作特製醬油凍。將高湯、淡味醬油、醋、砂糖混合煮開後，加入柴魚再過濾。在過濾好的湯汁中加入吉利丁，冷藏使其凝結。
4. 將約醃漬半天的海帶醃真鯛切片。柴魚表面燒烤後也切片。
5. 在容器中，盛入④、海葡萄、海扇貝、小番茄和玉米筍，淋上③的土佐醋凍。

特製酒糟烤培根

【材料】

豬五花肉、鹽、酒糟、水芹、芥末醬

【作法】

1. 豬五花肉整塊直接用鹽水煮過，瀝除水分後放入酒糟中醃漬一天。
2. 將①的酒糟清洗掉，擦乾水分，切成1.5cm厚後用網架燒烤，和水芹一起盛盤，佐配上芥末醬。

『日本酒BAR 富成喜笑店』

三道推薦前菜

【材料】

松原氏鱸魚（Sebastes matsuBARae）、時鮭（註：時鮭是5～7月捕獲的鮭魚）、紅甘、鰹魚、鹽、醋橘（Citrus sudachi）、土佐醬油、橄欖油、檸檬、醋橘醬油、長蔥、蘿蔔嬰、蘘荷、生薑、青紫蘇葉、生薑、九條蔥

【作法】

1. 松原氏鱸魚切片，盛入容器中，撒鹽，淋上醋橘汁。
2. 時鮭切片，盛入容器中，淋上土佐醬油和橄欖油，淋上檸檬汁。
3. 紅甘切片，盛入容器中，淋上醋橘醬油，配上長蔥、蘿蔔嬰、蘘荷、生薑和青紫蘇葉。
4. 鰹魚切片，盛入容器中，放上薑泥，淋上土佐醬

油，配上九條蔥。
5. 將①～④的容器放在木台上供應上桌。

馬鈴薯沙拉

【材料】

蛋、炸豬排醬汁、五月后馬鈴薯（May queen）、培根、小黃瓜、胡蘿蔔、美奶滋、青芥末、鹽、胡椒

【作法】

1. 製作加味蛋。蛋用水煮熟，去殼，用炸豬排醬汁醃漬。味道滲入後取出備用。
2. 製作馬鈴薯沙拉。馬鈴薯去皮，切大塊用鹽水煮熟，直接製成粉吹芋（註：粉吹芋是馬鈴薯煮熟後，再炒到水分蒸發，外表呈粉狀）。培根切厚片，用已熱油的鍋香煎。
3. 小黃瓜和胡蘿蔔切片，加鹽揉搓後，用水漂洗再擠除水分。
4. 將馬鈴薯、培根和蔬菜類放入鋼盆中混合，加入美奶滋和青芥末調拌，加鹽和胡椒調味。
5. 在小盤中高高地盛入馬鈴薯，上面放上切半的加味蛋，再淋上炸豬排醬汁。

馬司卡邦佃煮雜魚

【材料】

佃煮雜魚、馬司卡邦起司

【作法】

1. 馬司卡邦起司放入鋼盆中，變軟後，加入佃煮雜魚（註：佃煮是因食物煮過後呈彎曲的褐色，外形如生鏽的鐵釘般，故得此名）混合，即可盛入容器中。

栃尾油豆腐

【材料】

栃尾油豆腐、蔥味贈（長蔥、麻油、綜合味噌、砂糖、蛋黃、味醂、酒、水）、青蔥、芝麻

【作法】

1. 製作蔥味噌。先準備蔥。長蔥的青蔥部分切碎，用麻油拌炒備用。
2. 在鍋裡放入綜合味噌、砂糖和蛋黃，開火加熱攪拌。混合後加入味醂、酒和水再攪拌，加入①的蔥攪拌混合，弄涼備用。
3. 栃尾的油豆腐橫向從中切出切口，切口夾入蔥味噌，用火直接煎烤。
4. 烤出焦色後盛入容器中，再撒上切碎的青蔥和芝麻。

美奶滋炸蝦！

【材料】

草蝦、麵衣、美奶滋醬（美奶滋、芝麻醬、琴酒、鮮奶、檸檬汁、鹽、淡味醬油）、芝麻粉

【作法】

1. 草蝦剔除頭和腳，去殼但保留尾部，剔除背部沙腸，將蝦肉拉直。
2. 沾上厚厚的麵衣，油炸。
3. 混合材料製作美奶滋醬，剛炸好的蝦淋上美奶滋醬後，盛入容器中。最後撒上芝麻粉。

『神田日本酒BAR 酒趣』

酒肴八寸　五味拼盤

● 煮章魚、醃漬蕨

【材料】

生章魚、酒、碳酸水、醬油、砂糖、花椒芽、蕨、柴魚高湯，淡味醬油，味醂，烏魚子

【作法】

1. 煮軟章魚。章魚以流水徹底清洗，在鍋裡加入酒和碳酸水，一面撈除浮沫，一面水煮。煮軟後，以醬油和砂糖調味，入味後弄涼備用。
2. 製作醃漬蕨。蕨放入加了稻草灰的熱水中水煮，去除浮沫後，充分清洗，放入加了醬油、味醂調味的柴魚高湯中浸漬。
3. 將①和②切成易食用的大小，一起盛入盤中，章魚上放上花椒芽，蕨上撒上磨碎的烏魚子。

● 日式炸茄

【材料】

茄子、炸油、柴魚高湯、醬油、味醂、毛豆、鹽、囊荷、海膽

【作法】

1. 茄子切成易食用的大小，以熱油清炸。
2. 將高湯、醬油和味醂混合，加入瀝除油分的油炸茄子，直接放涼備用。
3. 毛豆用鹽水煮熟，囊荷切薄圓片。
4. 將②的茄子瀝除水分，和③的毛豆一起盛入容器中，佐配上囊荷。

● 豆腐拌枇杷

【材料】

枇杷、土佐醋、豆腐、醬油、味噌、砂糖、白芝麻

【作法】

1. 枇杷用沸水煮一下，剝除外皮。
2. 切半，剔除裡面的種子和硬核部分，放入土佐醋中醃漬。
3. 調拌用豆腐瀝除水分，加入醬油、味噌和砂糖充分混合。
4. 將②的枇杷瀝除水分盛入容器中，淋上③的豆腐，最後撒上白芝麻。

● 小蝦

【材料】

小蝦、鹽、白麴、醋橘（白麴、醋橘於裝盤時使用）

【作法】

1. 小蝦用牙籤將蝦身弄直，放入加鹽的沸水中汆燙一下，剔除牙籤備用。

● 蜜煮青梅

【材料】

青梅、鹽、砂糖

【作法】

1. 青梅去掉蒂頭部分的髒污，加鹽揉搓後，放入冷水中開始水煮。
2. 撈起青梅，放入水中浸泡一晚去除澀味。
3. 在其他的鍋裡放入水和砂糖，加熱將糖煮融化後，放入已去除澀味的青梅煮到變軟為止，直接放涼。
4. 和糖蜜一起放入玻璃杯中。

※ 在八寸的容器中，放上盛裝煮章魚、醃漬蕨的容器、日式炸茄的容器、豆腐拌枇杷的容器、蜜煮青梅的玻璃杯，再盛上小蝦。蝦子上放上白麴，撒上鹽，裝飾上切好的醋橘。

玉米豆腐

【材料】

玉米、海帶、葛粉、鮮奶油、柴魚高湯、醬油、味醂、吉利丁、青芥末、紫蘇花穗

【作法】

1. 玉米剝去薄皮，放入蒸鍋中蒸熟。
2. 熟透後取出，用刀切下玉米粒。
3. 在鍋裡放入水和海帶加熱，快煮沸前撈出海帶，留下海帶高湯備用。
4. 在③的高湯中加入②和葛粉，充分攪拌混合直到葛粉溶解，過濾剔除玉米皮。

5. 將過濾出的湯汁倒入鍋中，用小火熬煮，以木杓充分攪拌直到產生黏性。
6. 產生黏性後離火，倒入活動式槽狀模型中冷藏使其凝固。
7. 製作高湯凍。柴魚高湯開火加熱，用醬油、味醂調味，離火後加入吉利丁煮融，弄涼。
8. 在冰涼的容器中放上青葉，上面盛上⑥。淋上⑦，加上青芥末，裝飾上紫蘇花穗。

湯霜海鰻

【材料】

海鰻、梅肉（梅乾、煮酒〔註：經煮沸酒精已揮發掉的酒〕、味醂）、金線瓜（spaghetti squash）、青紫蘇葉、防風、紫蘇花穗

【作法】

1. 清除海鰻表面的黏液，從腹部切開，剔除內臟，用水清洗。去除背鰭，切除頭部，切下背骨，去除腹骨後，將皮面緊貼砧板，切下骨頭，保留一片皮，切成2～3cm寬。
2. 將①放入煮沸海帶的湯中涮一下，魚肉展開後拿起，放入冰水中。
3. 製作梅肉。梅乾剔除種子，過濾後加煮酒和味醂調味。
4. 金線瓜去皮、橫切圓片，剔除種子和瓜囊。放入沸水中煮一下，取出放入冰水中，讓瓜肉散開。
5. 在放了④和青紫蘇葉的容器中，放上瀝除水分的②，淋上③。裝飾上防風和紫蘇花穗。

本日生魚片
（萊姆風味紅金眼鯛生魚片）

【材料】

紅金眼鯛、鹽、萊姆、調味汁（萊姆汁、醋、沙拉油、鹽）、蒔蘿

【作法】

1. 紅金眼鯛分切3片，在表面稍微抹鹽靜置備用。
2. 萊姆去皮，從囊袋中取出果肉，保留一部分，其餘榨汁。皮保留備用。
3. 在②所榨的果汁中，混合醋、鹽和沙拉油製成調味汁。
4. 擦除①的紅金眼鯛釋出的水分，切片。
5. 混合④和②的萊姆果肉，用調味汁調拌後，盛入容器中。撒上蒔蘿，用磨泥器將②保留的萊姆皮磨碎撒上。

蜜漬無花果配冰淇淋

【材料】

蜜漬無花果（無花果、紅葡萄酒、白砂糖、檸檬汁）、冰淇淋（蛋、白砂糖、鮮奶、鮮奶油）、黑胡椒粒

【作法】

1. 製作蜜漬無花果。無花果用流水清洗，切掉蒂的部分。
2. 在鍋裡倒入紅葡萄酒、白砂糖、檸檬汁和①，加上內蓋以小火熬煮。煮好後讓它稍微變涼，放入冷藏庫冷卻。
3. 製作冰淇淋。在蛋中加入白砂糖，攪拌混合至泛白為止。
4. 在鍋裡加入鮮奶和鮮奶油，開火加熱，煮沸前倒入③充分混合。
5. 過濾，放入冰淇淋機中製成冰淇淋。
6. 在容器中盛入②和⑤，撒上粗碾的黑胡椒粒。

『麥酒屋 Lupulin』

章魚片拌紅蔥沙拉

【材料】

章魚（用鹽水煮熟）、紅蔥、大蒜、辣椒、橄欖油、鯷魚、白葡萄酒醋

【作法】

1. 在橄欖油中加入大蒜和辣椒，用小火慢慢地熬煮成調味橄欖油，加入鯷魚，再加鹽。裡面混入白葡萄酒醋，製成調味汁。
2. 章魚切波浪片，紅蔥隨意切成易食用的大小。
3. 在②中加入①的調味汁大致混合，盛入容器中。

涼拌生魩仔魚

【材料】

生魩仔魚、給宏德的鹽、E.X.V. 橄欖油、細香蔥、法國短棍麵包

【作法】

1. 生魩仔魚清洗一下，瀝除水分，盛入容器中。撒上給宏德的鹽，淋上橄欖油，撒上剁碎的細香蔥。
2. 配上切片的法國短棍麵包。

卡普列茲風味番茄草莓沙拉

【材料】

小番茄、草莓、鹽、橄欖油、酒糟起司醬（酒糟、

奶油起司、烤杏仁）、薄荷葉

【作法】

1. 製作酒糟起司醬。酒糟混合變細滑後，加入奶油起司、烤杏仁充分混合備用。
2. 小番茄和草莓加鹽和橄欖油醃漬。
3. 從醃漬液中取出番茄和草莓，盛入容器中，舀取①放入其中，再裝飾上薄荷葉。

Lupulin 有機蔬菜沙拉

【材料】

甜菜、蕪菁、水果番茄、紅肉蘿蔔、紫地瓜、茄子、紫芥菜、捲葉萵苣、新種芥菜、調味汁（葡萄柚汁、番茄、洋蔥、橄欖油、鹽、胡椒）

【作法】

1. 製作調味汁。在葡萄柚汁中，混入磨碎的番茄、洋蔥和橄欖油，加鹽和胡椒調味。
2. 甜菜去皮，切成易食用的大小。蕪菁和紅肉蘿蔔去皮烤一下，切塊。茄子縱切烤一下。紫地瓜用鋁箔紙包好，放入烤箱中烘烤。紫芥菜、捲葉萵苣、新種芥菜分別用手撕成易食用的大小。
3. 在容器中央放上②的葉菜，上面再放上②剩餘的蔬菜和番茄。最後淋上①的調味汁。

迷迭香風味烤山雞

【材料】

山雞腿肉、迷迭香、大蒜、橄欖油、給宏德的鹽、溫泉蛋、檸檬

【作法】

1. 山雞腿肉用迷迭香、大蒜和橄欖油醃漬數天。
2. 從醃漬液中取出雞肉，皮面用火直接慢慢地烘烤，直到裡面熟透。烤到表皮略焦、散出香味。
3. 分切後盛入容器中，裝飾上迷迭香。配上溫泉蛋，放上切月牙片的檸檬和給宏德的鹽。

『 BEER BAL DARK HORSE 』

鰻魚風味馬鈴薯沙拉

【材料】

馬鈴薯、洋蔥、胡蘿蔔、美奶滋、白葡萄酒醋、鹽、胡椒、橄欖油、油漬鰻魚（filetti di acciughe）、荷蘭芹、黑胡椒

【作法】

1. 馬鈴薯用鹽水煮熟搗爛。洋蔥、胡蘿蔔切碎。
2. 在①中加入美奶滋、白葡萄酒醋、鹽、胡椒和橄

欖油混合，盛入容器中。
3. 將瀝除油分的鰻魚用果汁機攪打成糊，淋上橄欖油。
4. 在③上淋上②，撒上切碎的荷蘭芹，最後撒上黑胡椒。

特製辣味小黃瓜

【材料】

小黃瓜、醬油、麻油、白砂糖、tabasco 辣醬

【作法】

1. 小黃瓜蛇腹切，再切成適口大小。
2. 放入醬油、麻油、白砂糖、tabasco 辣醬的混合醃漬液中醃漬半天。
3. 入味後取出，盛入容器中，淋上少量醃漬液。

奶油煎杏鮑菇鰻魚

【材料】

杏鮑菇、奶油、油漬鰻魚、橄欖油、鹽、起司粉、荷蘭芹

【作法】

1. 杏鮑菇隨意切成一口大小。
2. 瀝除油的油漬鰻魚，用果汁機攪打成糊，再用橄欖油調勻。
3. 在平底鍋中放入奶油、橄欖油和②，以小火加熱，奶油融化後加入①，以大火拌炒，加鹽調味。
4. 盛入容器中，撒上起司粉和剁碎的荷蘭芹。

炸洋芋＆炸魚片

【材料】

馬鈴薯、白肉魚、低筋麵粉、高筋麵粉、水、啤酒、鹽、荷蘭芹、塔塔醬

【作法】

1. 馬鈴薯連皮直接水煮後，去皮，切成適口大小。
2. 低筋麵粉、高筋麵粉、水和啤酒混合製成麵衣，2片白肉魚沾上麵衣，和①一起用沙拉油油炸。
3. 在鋪了英字報紙的容器中盛入②，稍微撒上鹽和剁碎的荷蘭芹。和放在其他容器中的塔塔醬一起上桌。

特產！香蒜濃湯

【材料】

舞茸、鴻禧菇、杏鮑菇、香菇、橄欖油、鹽、大蒜、鷹爪辣椒、高湯、鹽、法國短棍麵包、荷蘭芹

【作法】

1. 將舞茸、鴻禧菇、杏鮑菇和香菇分別切成易食用的大小，放入加熱橄欖油的平底鍋中拌炒。
2. 在耐熱容器中放入橄欖油、鹽、切末大蒜和鷹爪辣椒，以小火加熱。大蒜有焦色後加入①，倒入高湯煮沸，加鹽調味。
3. 在②上排放切片的法國短棍麵包，在中央打入蛋，加蓋加熱至半熟狀態。最後撒上剁碎的荷蘭芹。

『beer bar BICKE』

特製泡菜拼盤

【材料】

小黃瓜、芹菜、黃椒、杏鮑菇、黃瓜醃漬液（白葡萄酒醋、砂糖、鹽、大蒜、辣椒、黑胡椒等）、荷蘭芹

【作法】

1. 小黃瓜縱切四半。芹菜撕除硬筋，切成適當的長度。彩色甜椒剔除蒂頭和種子，切成適當的大小。杏鮑菇用加鹽的熱水汆燙熟，切成適當的大小備用。
2. 將黃瓜醃漬液的所有材料放入鍋裡，開火加熱，煮沸後熄火。放入①的材料密封保存。
3. 入味後取出，瀝除水分，分別切成易食用的大小，盛入容器中，裝飾上荷蘭芹。

特製燻製料理拼盤

【材料】

蛋、醬油、味醂為底料的醬汁、起司、豬五花肉、鹽、胡椒、海扇幼貝、黃瓜醃漬液（白葡萄酒醋、砂糖、鹽、大蒜、辣椒、黑胡椒等）、橄欖油、荷蘭芹

【作法】

1. 準備燻蛋。蛋水煮至半熟，放入醬油和味醂為底料的醬汁中醃漬1～2天後，乾燥備用。
2. 準備培根。用叉子將豬五花肉的表面戳洞，塗抹鹽和胡椒備用。入味後，洗掉表面的鹽和胡椒，讓肉乾燥備用。
3. 準備海扇幼貝。海扇幼貝的貝柱，放入已混合材料的黃瓜醃漬液中醃漬入味，讓它乾燥後，表面直接用火燒烤，再用橄欖油調拌備用。
4. 進行燻製。在特製的燻製容器中放入櫻木柴，放上烤網，上面放上起司和①、②、③的材料，木柴點火，加蓋燻製。
5. 材料都燻香後取出，放冷。分別切成適當的大小，盛入容器中。撒上剁碎的荷蘭芹，裝飾上荷蘭芹枝。

3種臘腸拼盤

【材料】

德國白香腸（weisswurst）、西班牙辣香腸、德國紅香腸（krakauer）、德國酸泡菜、芥末醬、荷蘭芹

【作法】

1. 德國白香腸放入沸水中煮熟。
2. 西班牙辣香腸、德國紅香腸分別用塗了薄油的鐵板炒熟。
3. 將①、②盛入容器中，加上德國酸泡菜和芥末醬。撒上剁碎的荷蘭芹，再裝飾上荷蘭芹枝。

玉米餅佐莎莎醬

【材料】

玉米餅、醬汁（番茄醬、甜辣醬、辛香料）、起司粉、荷蘭芹

【作法】

1. 混合材料準備醬汁，放入容器中，撒上起司粉和剁碎的荷蘭芹。
2. 清炸玉米餅，瀝除油，盛入已放入①的容器的容器中。最後裝飾上荷蘭芹上。

炸雞和馬鈴薯餅

【材料】

炸雞（市販品）、馬鈴薯餅（市售品）、水牛城炸雞醬汁、荷蘭芹

【作法】

1. 炸雞、馬鈴薯餅用油炸熟，瀝除油。
2. 水牛城炸雞醬汁放入容器中，再和①一起盛裝放到盤上，撒上剁碎的荷蘭芹，裝飾上荷蘭芹枝。

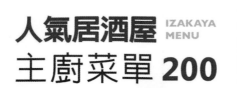

**人氣居酒屋
主廚菜單 200**

21x28cm   156 頁
彩色   定價 400 元

　　説到「居酒屋」，是指有提供酒精飲料以及下酒料理的日式餐飲店。不同於西洋式的酒場與 Pub，居酒屋所提供的酒類是以啤酒、沙瓦、梅酒及日本酒為主，且料理的種類與份量也更多。

　　本書專訪 10 家日本超人氣居酒屋，刊載他們的理念發想與最新調理技術，並且分別公開每店各具代表性的菜單配方。這些超夯店家的老闆或店長將與您暢談開發新潮菜單的秘訣，以呈現超優創意、超美味料理，以及超具熱情的居酒屋料理。現在就來看看這些將食材特性運用的淋漓盡致、視覺震撼力十足的精彩料理秀！

　　滿滿一本的豐富內容絕對是想開店的你最佳的好幫手。

瑞昇文化 http://www.rising-books.com.tw
＊書籍定價以書本封底條碼為準＊
購書優惠服務請洽：TEL：02-29453191 或 e-order@rising-books.com.tw

人氣主廚の
歐風蛋料理

19x26cm　　　　128頁
彩色　　　　定價 280 元

　　越是簡單的食材，越要用心去烹調，只要火候稍有偏差，風味與口感會完全不同。在現代，蛋是人人都能吃到的普遍食材，但在過去它可是奢侈的高級品，被定位在與魚肉料理同等級的地位，在因宗教不吃肉類的星期五，成為主菜的就是蛋類料理。雖然蛋看起來是平淡無奇，不過再也找不到其他像蛋這樣，能以千變萬化之姿呈現在餐桌上的食材了。在法國，雞蛋料理的種類非常多樣，即使整整兩年每天都端出不同的雞蛋料理也不會重複呢！

　　本書就將如此種類豐富的蛋類料理大致分成水煮蛋、烤盤蛋、法式茶碗蒸、奶油煎蛋、模型蒸蛋、水波蛋、炸蛋、美式荷包蛋、炒蛋這9種烹調法，所收錄的料理皆出自六位人氣主廚之手，每道都展現出濃濃的歐式風情，讓你體驗蛋料理的另一種境界。

瑞昇文化 http://www.rising-books.com.tw
＊書籍定價以書本封底條碼為準＊
購書優惠服務請洽：TEL：02-29453191 或 e-order@rising-books.com.tw

最新人氣
大阪燒、文字燒、鐵板燒
21x28cm　　　　128 頁
彩色　　　　定價 380 元

日本國民美食的好吃秘訣！

本書介紹總數１００道，日本大排長龍店的最受歡迎鐵板料理。分為大阪燒（廣島燒）、文字燒、鐵板燒類，每一道皆有公開使用材料與做法流程圖。

在競爭激烈的發源地日本，每一家店無不絞盡腦汁開發出既美味又有特色的獨家菜單。如今這些人氣 NO.1 的招牌料理做法便不私藏的公開給各位！

大阪燒（廣島燒）：在配料中加入特調高湯、山藥泥麵糊，之後均勻攪拌將空氣一起拌入，接著放到鐵板鋪上肉片、蛋堆疊煎烤，最後在塗上特製醬汁、美乃滋或是灑上蔥花海苔粉…外酥內軟的熱呼呼大阪燒就完成了！而廣島燒的特色則是食材層層堆疊的美味，香脆高麗菜與炒麵等，吃在嘴裡大大滿足！

瑞昇文化 http://www.rising-books.com.tw

＊書籍定價以書本封底條碼為準＊

購書優惠服務請洽：TEL：02-29453191 或 e-order@rising-books.com.tw

現在正流行！
碳酸氣泡飲料 MENU

21x25.7cm　　　　　88頁
彩色　　　　定價 280 元

　　就是喜歡氣泡刺刺的口感，最清新碳酸氣泡飲料 161 款！碳酸水、蘇打、薑汁汽水、氣泡酒、沙瓦、調酒、Mojito……etc

　　氣泡飲料家族，有著各種不同的成員。像是沒有添加香料與甜味的碳酸水（氣泡水）；添加了香料及甜味的蘇打水（奎寧水）、搭配其他碳酸飲料的「薑汁汽水」或「可樂」。雖然成分或有不同，但它們有個共同特色，就是喝下去的每一口，都有細小的泡泡在嘴裡跳躍，清爽又暢快！

　　本書收錄日本人氣飲料店所調製的碳酸氣泡飲料，其中無酒精的品項共 49 款，有酒精的品項共 112 款。書中將公開結合創意與美味的製作配方，讓讀者得以窺探，氣泡飲料讓人一喝就上癮的秘密！

瑞昇文化 http://www.rising-books.com.tw

＊書籍定價以書本封底條碼為準＊

購書優惠服務請洽：TEL：02-29453191 或 e-order@rising-books.com.tw

TITLE

人氣夜吧　異國酒餚料理

STAFF

出版	瑞昇文化事業股份有限公司
編著	永瀨正人
譯者	沙子芳
總編輯	郭湘齡
責任編輯	林修敏
文字編輯	黃雅琳　黃美玉
美術編輯	謝彥如
排版	執筆者設計工作室
製版	明宏彩色照相製版股份有限公司
印刷	皇甫彩藝印刷股份有限公司
法律顧問	經兆國際法律事務所　黃沛聲律師
戶名	瑞昇文化事業股份有限公司
劃撥帳號	19598343
地址	新北市中和區景平路464巷2弄1-4號
電話	(02)2945-3191
傳真	(02)2945-3190
網址	www.rising-books.com.tw
Mail	resing@ms34.hinet.net
初版日期	2014年9月
定價	400元

國家圖書館出版品預行編目資料

人氣夜吧異國酒餚料理：150道美味下酒輕食，小酌・聚餐・開店都可參考 / 永瀨正人編著；沙子芳譯. -- 初版. -- 新北市：瑞昇文化, 2014.08
160面；19x25.7公分
ISBN 978-986-5749-63-7(平裝)
1.食譜

427.1　　103013639

BAR & BAR NINKITEN NO RYOURI MENU

Originally published in Japan in 2013 by ASAHIYA SHUPPAN CO.,LTD..
Chinese translation rights arranged through DAIKOUSHA INC.,KAWAGOE.